U0016447

自炊食代

便當的魔法師
極光

の愛女便當

故事

開始做便當之前

極光流旬味：四季便當提案

便當，是愛的完成形式

袁櫻珊、黃哲斌·臉書專頁「黃大寶便當」作者

四年半前，因為大兒子剛上小學，每週必須多留校一個下午，開啓了我家職業婦女的便當路。

一開始，我們只是希望填飽小孩的肚子，讓他養足上課的精力；漸漸地，一個鐵盒便當，成為親子以味覺溝通的美好管道，當他打開便當，既能吃到媽媽手作的豐盛菜餚，也能感受家人的點滴心意，這是任何外食無法取代的。

極光媽的便當，就徹底體現這種「營養美味」與「創意心思」的相乘精神。

這本書美得令人驚呼連連，但，它不只是便當書，亦是能在宴客時享受歡呼直達雲霄的武林秘笈。作者有著深厚的內力與巧思，隨著四季的遞嬗流轉，帶我們走進當季時令的美好。

每一個便當、每一樣食材，都是有情天地的贈禮。極光媽從菜單的設計、食材的挑選、顏色的搭配、做菜的工序，都可看見她料理時的考究與慧心，以及對環境、風土與人文的關懷。我們看見的，不只是美食本身，更是從產地到餐桌的生命脈絡與獨特個性。

四季便當提案，將天與地的豐美，裝進各式溫潤高雅的便當盒裡。翻開書頁，隨處有令人食欲大噴發的菜色──上海菜飯、馬鈴薯烘蛋、紅酒

燉肉、栗子燒雞、蒲燒魚片、漢堡排、各式蛋捲……每一道菜皆如料理般精緻。我想，愛女每天一定是用拆禮物的心情，急著打開便當。

此外，冰箱收納術爲我們示現了美好的生活方式。採購指南好實用，全是作者嚴選的安心好醬料……默默覺得自己該補貨了。

便當，是需要愛才能完成的。身爲父母，一個人常吃得樸素簡單，蔥蛋配上罐頭，可能就是一餐。然而，當我們做便當時，總想著孩子愛吃什麼，或者回想上次在餐廳吃飯，有哪道菜他們吃得很香，有什麼能讓他們「哇」一聲微笑開懷的菜色。

四年過去了，我們的兩個孩子都上了小學，他們期待便當的眼神總是閃閃發亮，而我們，也享受他們的期待。這樣的內在過程，讓做便當的每寸時光，都充滿著幸福與感恩。

這本書無疑開啓了一道門，通往美妙多彩的便當世界，讓我們發揮一點想像力，一起來做便當吧！

便當，讓我們勇敢迎接
每天的第一道光

劉昭儀·我愛你學田市集

多天的清晨天微暗，六點前我要把女兒送進泳池，參加泳隊練習。大概就是同樣的時間吧？！極光媽媽早已經開灶熱火，為小孩準備好「愛女便當」。

是我自己忝不知恥，因著追蹤臉書上，一個又一個充滿巧思技藝、時令節氣、食材內涵、與品味美感的便當。我主動在當時素不相識的「自炊食代」臉書上，留言邀請極光媽媽擔任公益活動「我愛你便當趴」的客座主廚。

陌生且沒有合作經驗當然會讓我忐忑，一旦開始前置的討論與準備，我就安心了，因為極光媽媽溫柔細緻，卻有定見的操作工序掌握，預示了即將呈現的美好盛宴；然而「我愛你便當趴」當天，極光媽帶給我的欣喜卻是便當主廚買一送一，連應該去上學的「愛女」都出現了！極光媽媽說，因為覺得這樣的活動，是比在教室更重要的學習，所以特別跟老師請假，讓愛女跟媽媽一起為愛、為公益做料理，與更多人分享手作食物的力量！

昏黃的燈光下，我從木頭窗框看進小小廚房的料理檯前，母女相依偎忙碌工作的樣子……忍不住微笑並且眼眶微熱，此時傳來食物濃郁的香味……真好！試吃的時間到了！（哭點太低簡直是阿木的死穴。）

自此之後，極光媽的臉書就成為我的便當教科書，數不清次數的「線上諮詢」，駑鈍如我，不但得到abc般的基礎教學；而依樣畫葫蘆之後，才知道極光媽的博大精深，為我開啟所謂「家常媽媽味」的進階視窗（讓阿木從廚藝的地下3樓慢慢往上爬）。

極光媽的好手藝，除了家學淵源外，她自己的鑽研努力，也讓人望塵莫及。不管是各菜系的料理菜譜、或是食材的來源特性、以及辛香料的畫龍點睛，甚至包括人文的思辯，以及對自然環境的關照……這樣內涵豐富的便當，背後只是極光媽媽強大無私的愛的初心！

我喜歡跟著其他鐵粉叫「極光媽媽」。極光媽媽總是不厭其煩地書寫並分享她的食譜、任由我們耍賴撒嬌吵著要分食、偶爾也會讓我們看到她的脆弱玻璃心，以及越挫越勇不服輸的意志堅強……媽媽就是這樣的，以她為我們細細思量之後的菜色搭配、營養均衡、並以愛與包容調味，讓所有人在她的便當中被溫飽被療癒被鼓舞。

作為便當界的女神，極光媽媽唯一讓我不解的是，不管何時，總是能輕聲細語且優雅美麗！管他時間滴答、管他世情紛亂、管他爐火正旺，那個高度視覺味覺藝術性的便當，終會準時穩當的擺放在餐桌上，迎著天光。天亮了！便當再次出動，帶著暖心的溫度，伴著孩子出發！

作者序
起初的愛

楊光

因為愛女的一句話，「學校的營養午餐像ㄆㄨㄣ」，我開始試著了解學校營養午餐的真實樣貌，卻也因為不堪的真相而備感驚嚇。原來，所謂的營養午餐，充斥著討好孩子的加工食材、油炸物、廉價的油品和加工的方便醬料等等。想想，孩子們吃下肚的東西，怎不令人憂心忡忡？

我們在孩子嬰幼兒時期，對奶粉和副食品會再三挑選和斤斤計較，就怕孩子入口的有一絲絲不營養；然後孩子大了，卻變得只關心孩子裝進腦袋的東西，身上學的才藝，而忽略了孩子裝進肚子裡的東西。

除了學校的營養午餐，再大一點的孩子或上班族，中午的便當往往是一隻或炸或滷的大雞腿、一大片滿溢便當盒的炸排骨，再加上一顆滷蛋、少許的蔬菜，一點調味重的小菜，裝在不知有無合格的紙餐盒裡。蛋白質過多，油脂過多，蔬菜太少是一般盒餐的通病。在發現了學校「營養」和外食族的午餐真相之後，我更決定把餵養孩子的主控權拿回來，就這樣日復一日，歷經六個寒暑，也製作超過一千個愛女便當了。

我的初衷，是幫助大家有系統、有效率地做便當

剛開始作便當時，我還是職業婦女，每天持續晨起現作，但又需兼顧營養美味和賞心悅目，然後將廚房整理乾淨、再把自己穿戴整齊打扮亮麗地去上班，一天的第一場戰爭先從自家廚房開始。為求效率第一，讓我漸漸摸索出一套製作便當的方法。從一開始的手忙腳亂，到現在的得心應手，是即將邁入第二個三年十個月修練後的結果。

而原本只是在個人臉書上的分享，在成立了粉專之後，和許多熱情的朋友互動交流，有笑也有淚，聽到了許多朋友們帶便當苦手的各種心聲。心中的熱血萌發，我開始思考如何解決大家的問題，可以每天持續為心愛的人帶便當。這本書正是極光個人小小的心得集結，希望有系統、有效率地幫助朋友們，開始動手準備營養滿點、色彩豐富並且美味的四季便當。

我的自炊態度

靠著四季新鮮食材、調味的魔法和豐富的油品，我嘗試做出不蒸也好吃的便當，和風便當菜因而成為我取經的主要對象。而從小學即蒐集食譜剪報，熱愛烹飪的我，對於中菜八大菜系與異國料理亦多有涉獵，所以便當菜式的選擇更加廣泛。曾經照顧過癌症病人，深深體會「廚房即藥房」的真理，以及健康從選擇好的食物開始。防癌飲食、芳療和中醫順時養生之道，也因此成為我做菜的指南。

除了為自己和所愛的人補充滿滿能量之外，帶便當更是代代相傳的愛地球宣言「最佳實踐」。從基改與非基改、無毒有機、永續漁產的食材選擇；到盛裝容器：該選不鏽鋼、陶瓷、塑膠或矽膠；剩食的處理等等，都是我們身體力行的身教，是最真實的食農和環境教育！古印度醫學阿育吠陀飲食的觀點認為，注入愛的飲食充滿了一種高度活躍的生命能量「Ojas」，這種能量讓吃的人取得身心平衡，不容易生病，並且增加免疫力。

極光希望用這本書跟大家分享，用簡單淺顯的方式，為我們所愛的人，料理出充滿「Ojas」的便當，回歸我們對孩子與家人的初衷，最起初的愛。

請跟極光一起動手試試看吧。

最簡單也最經典的好味道

三色丼便當

三色丼便當是我幫孩子帶便當的起點。

孩子剛升上小學三年級時，校外教學的前幾天回家問我，「媽咪，班上有兩位同學平常有營養午餐可以吃，但是校外教學時家人沒辦法幫他們帶，我們可以幫忙嗎？」我不假思索的說，好啊。後來聽孩子解釋，才知道這幾位同學的家境不是那麼好，所以營養午餐費用全由愛心捐款支付。但這樣一來，校外教學時，就沒得吃了。

心中悽惻，在大都會裡，原來還是有些孩童是靠著愛心捐款才有學校的「營養」午餐可吃的。

想了很久的菜色，甚至考慮做卡通便當，但一來當時工作忙碌，二來擔心一早起來手忙腳亂；再者也怕太過用心製作的精美便當，反而引起反效果，引起同學的自卑感、比較心或負面情緒，而這些當然不是我的初衷與樂見的。於是決定做這款素樸無華、簡單自然卻又盈滿家之味的三色丼飯。

記得那次孩子回家時，好開心地說，同學們把便當都吃光光了。而可能因為與同儕分享的喜悅，且在戶外教學活動量大，向來食量很小的她，竟也把整盒便當吃完了。因為這次的便當交流，孩子和其中一位同學成為了好朋友。我心中因擔心她轉學、交不到朋友的重石，也從此輕輕地放下了。爾後，當我發懶或想不出菜色時，只要問起孩子想吃什麼便當？她通常不假思索的，馬上指定三色丼。

日式的三色丼，最標準的基本組合是雞絞肉、炒蛋和炒四季豆片或丁。因為好吃好看，又刺激食欲，是幼兒園孩子的午餐菜單票選冠軍，也是做便當初學者的「男朋友便當」的首選。所有食材都切成小丁小末，用湯匙挖著吃最過癮，牙口不好的人只要菜煮軟些就可以享用。

雞絞肉有人使用雞胸肉、雞腿肉，或是兩者各一半，但料理時不需執著於法則，可以因地、因時制宜。在台灣很少用雞絞肉，雞販沒有幫忙絞肉的服務，我們必須買雞肉回家自己剁；豬絞肉則相對容易取得，喜愛牛肉的，也行。唯須注意的是，不建議使用肥油比例高的五花絞肉，建議使用梅花絞肉，避免油脂冷卻後凝結，影響口感和味道。

原始型的三色丼，外在呈現的是覆蓋在飯上的三種食材，將便當一分為三，顏色有黃、綠、棕，煞是好看。內裡的底蘊，我個人認為，卻是讓我們在最單純和無干擾的狀態下，細細品嘗三種食材各自所擁的天然風味，沒有過多的調味作為裝飾。單純而美好。

棕色的絞肉用醬油、味醂、糖和酒炒過，有的人在調味上以味噌變化，或做成乾咖哩口味，抑或是辣味的絞肉；也可以加入其他素材成為香菇肉末、番茄肉末、辣味肉末、鷹嘴豆肉末和黃豆肉末等等。我看過日本最有名的家庭主婦——栗原晴美，會將第一次的絞肉煮汁加到飯中做成炊飯，上面再覆蓋三色食材。肉末料理最好多做一些起來，不但省時間，且用途很廣，無限延伸。可以做成湯麵的澆頭、與各式蔬菜搭配，炒燴豆腐，或麻婆豆腐。

綠色的蔬菜，大多用帶著豆莢的豆類菜蔬，斜切成絲或小丁狀，口感不同，建議多嘗試看看。雖然綠色蔬菜有很多選擇，但因為豆類蔬菜的豆莢有著類似蔬菜葉梗的柔嫩鮮甜，也有豆子稍硬和粉質口感，層次頓時分明了起來，不得不佩服這食譜原創者選材的厲害與到位。豆莢類蔬菜有豌豆莢和敏豆，我也嘗試過用台灣盛產的荼豆、醜豆，都有挺不錯的

效果。想以其他現有的綠色菜蔬代替也行，如菠菜、青江菜或青椒，無須拘泥。

黃色的蛋可用日式調味的基本組合：醬油、味醂、酒和糖，或僅僅單純鹽和糖，打散調味後，倒入熱油鍋，用四隻筷子快速攪散，炒成蛋鬆。

除了上述三原色之外，也有人利用各種不同食材的色彩，做成繽紛趣味的四色、五色甚至七色彩虹丼，色彩與營養更是加乘。

在製作時間上有餘裕，而且心靈手巧的朋友，可以利用厚紙板，將三種素材排成自己想要的圖案，也是饒富趣味。

三色丼的食材非常簡單，便宜天然而且容易取得。您只要親自動手料理過，將會發現投資報酬率太高了。說穿了，孩子們要的真的不多。只要是自家媽媽的親手料理，不需山珍海味，精緻巧妙或是奇饌珍饈，但求食材新鮮，淡雅調味，絕大多數孩子一定買單。因為裡頭有著最溫暖的媽媽味，最平淡卻也最雋永，銘印於心的家之味。

如果您也想開始嘗試幫親愛的家人或自己做便當，三色丼是您表達愛的最佳起點，同時也是您立於不敗的秘密武器。

三色丼食譜請見143頁「救命仙蛋」的炒蛋鬆和150頁「飯友」中的味噌雞肉鬆。

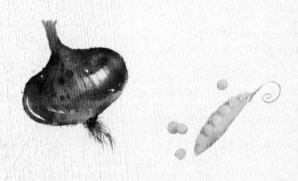

你的孩子不是你的孩子

照燒藕夾

孩子最愛吃蓮藕夾肉了。事實上，脆口的藕都是她的心頭好，若是燒得粉香軟糯的藕，她一概否決。

中式藕夾，先裹粉和蛋再油炸，而日式便當菜裡的藕夾，則常兩面煎焦黃後，以照燒形式出現。我喜歡根據當日的便當整體菜色，搭配調味，做變化。藕夾可以照燒、味噌燒、黑醋風味等。藕夾之間的餡也是變化萬千：肉餡、豆腐、蝦泥或單獨使用或混搭皆可；利用香料如：蔥、薑、香菜末增香之外，欲添金勾蝦或櫻花蝦則隨喜，而脆口的蔬果如蓮藕、荸薺、筍或掛薯（豆薯）則帶給藕夾更熱鬧的層次口感和蔬菜的清甜。

心想著孩子一定很愛。只要當日便當裡有藕夾，她進門的一句話一定是：「媽媽，今天藕夾，好吃！」

思緒突然飄到昨晚的晚餐對話。我白天因為進修，每堂課有兩次小組討論和報告，有兩位同學迄今未曾報告過，課後小組作業也不參與討論，照理最後一堂也該輪到她們報告了，不料她們還是一副「我們不懂，你們擔待些就是了」的態度。討論時間就這樣一分一秒的流逝，眼看著報告即將開天窗，我只好硬著頭皮，趕快彙整了諮詢資料，匆忙上陣。

當我大呼這樣的行為很不負責任，且糾纏著公理正義之時，孩子說：「小組討論總有幾位同學會這樣，我都直接問他們是否真不想報告，如果不想，我就接手。」她還補充：「因為我想在課堂上學習、學懂，有

機會多做練習更好，老師直接講評，我的印象會很深刻，不須再利用課外時間自修。那些人是自己主動放棄學習機會的。」哇！我真跌破了我的老花眼鏡。

感謝上帝，我好幸運，有這麼頭腦清楚的孩子，反倒是為娘的得向孩子學習。她也漸漸長大，有獨立思考的能力了。

重讀紀伯倫的〈孩子〉，我突然又有更深一層的體驗，我就放心做孩子穩健的弓，讓射手在瞄準無限之旅的悠遠目標之時，在其手中柔軟，欣然彎曲。

愛女便當，正是型塑弓的材料之一。

〈孩子〉

「你們的孩子，都不是你們的孩子。
乃是生命為自己所渴望的兒女。
他們藉你們而來，卻不是從你們而來。
他們雖和你們同在，卻不屬於你們。
你們可以給他們愛，卻不能給予思想，
因為他們有自己的思想。
你們可以蔭庇他們的身體，卻不能蔭庇他們的靈魂，
因為他們的心靈，雖在明日的宅中，即使在夢中，你們也無緣造訪。
你們可努力模仿他們，卻不可企圖讓他們像你。
因為生命不會倒行，也不會與昨日一同停留。
你們是弓，你們的孩子是從弦上發出的生命的箭矢。
那射者在無窮之間看定了目標，也用力引滿，使他的箭迅速而遙遠的射了出來。
讓你們在射者手中的彎曲成為喜樂吧；
因為他愛那飛出的箭，也愛那靜止的弓。」（冰心譯本）

照燒藕夾食譜請見106頁不敗主菜篇。

「當毛毛蟲以為世界結束的時候，牠變成了一隻蝴蝶」

海鱺馬告燒

晨起，孩子說昨晚因爲失眠，幾乎一夜沒睡。看著她蒼白的臉色，無神的雙眼，爲娘的看在眼底，疼在心裡。想是近日開始面對直升與外考的選擇壓力，以及下定決心發憤讀書有關。

因爲失眠，引起了頭痛欲裂。除了幫孩子按摩穴位和輕輕施以刮痧，先緩解頭痛和肩頸僵硬之外。想到了泰雅族或賽夏族人會將新鮮的馬告搗碎，泡水飲用，以緩解宿醉後的頭痛，今天來用馬告子入便當菜吧。於是，原本要做辣味照燒海鱺，捨棄了辣椒，加了稍微搗碎的馬告同燒。希望藉著馬告子溫和的辛辣刺激和芬芳馥郁，來提振孩子的元氣，驅走憂煩。

馬告子的味道很特殊芬芳，混和著薑+檸檬香茅+胡椒的味道。趁著魚也新鮮，我沒再多加薑或其他辛香料，希望呈現更原始、完整的馬告風味。

馬告是台灣的原生植物，樟科木薑子屬，俗名有山胡椒、山雞椒、豆鼓薑、山薑子、山蒼子、香樟、賽樟樹等。馬告是泰雅族語，果實和葉子是原住民的傳統調味聖品。原住民的風味餐一定少不了馬告，滷豬肉、牛肉、炒小魚干，或蒸魚、煮湯都可看到馬告葉子的蹤跡。

國內外的研究皆證實，馬告果實萃取出來的芳香分子——牻牛兒醛、橙

花醛和右旋檸檬烯，具有安眠、止痛及鎮痛等調節動物中樞神經的活性和抗憂鬱效果。

馬告（山雞椒, Listea cubeba）精油在芳療應用上，適用於緩解焦慮、躁鬱、失眠和沮喪及消化系統的症狀，而心靈處方也有「我做我自己」的寓意。（引述自《精油圖鑑》）

翻開了芳療天后Gina老師的《植物精油能量全書》關於馬告的敘述，心中一驚，看來今天的馬告是用對了。Gina老師是這麼說山雞椒的：「推薦太過在意一般價值觀，或深受考試升學壓力所苦者使用，有助於跳出汲汲營營的人生，認識自己真正的追求。」

而羅比柴克在其著作《香氣與心靈》是這麼描述山雞椒的：「當毛毛蟲以為世界結束的時候，牠變成了一隻蝴蝶。」

孩子，希望妳可以做妳自己，無入而不自得。就像是先驅植物馬告，勇敢地落腳在適合的向陽坡，面對陽光，全株綻放著芬芳，與世共榮。

不過，請記得，在千變萬化的人生旅途上，媽媽永遠支持妳，是妳不變的後盾。

海鱺馬告燒食譜請見117頁不敗主菜篇。

孩子，我永遠愛你

義式番茄鹽烤鯖魚

記得「信誼基金會」出了一本繪本《我永遠愛你》。描述的是一隻狗和一個小男孩從小一起長大，玩在一起，爾後小男孩照顧先衰老的狗「阿雅」，直到臨終。小男孩盡心盡力，給老年的阿雅妥適的照顧，每天一定抱抱阿雅，並告訴牠：「我永遠愛你。」

這是我第一本給孩子關於離別，關於生與死的教材。當時有些媽媽覺得我很殘忍，這麼早就教孩子死亡。我的孩子天生富有同理心，兩三歲的她常常看動物頻道，看著看著便號啕大哭，不能自己。一問之下，她說，「我很傷心，小鳥的爸爸媽媽呢？怎麼不見了？」我們常常要抱著她，跟她好好解釋小鳥長大了，必須要離開爸爸媽媽獨立生活。她總還是傷心欲絕。

很不忍孩子對於離別不能釋懷，當我想到鍾愛孩子的年邁公婆，總有一天會凋零，我希望她有心理準備。於是藉著淺顯易懂的繪本告訴她：「死亡是一種自然現象」以及「如何好好珍惜每個人在生的當下，讓我們愛的人知道我們永遠愛她，才是最重要的。」

而這樣的準備，後來的的確確在這些年，隨著至親的一一離世，發生了作用。我可以用繪本裡與孩子的共同語言和情感共振，來安慰她和陪伴她。

悲傷當然不會憑空消失。

即使明白了生離死別是自然的，走在悲傷中的速度，經常是緩慢的。把握每一個當下吧！身體力行地，便當是我守護孩子，告訴孩子「我永遠愛妳」的堅定許諾。

時值段考，以鹽烤鯖魚為費盡腦力的孩子補充DHA和AA，拭去容易藏腥味的油分，淋上與魚同時炙烤的小番茄和酸中帶甜的巴薩米可醬汁，可以多吃好幾碗飯。

微辣的金平雙色胡蘿蔔，咬在嘴裡爽脆有聲，醬油金平的辣味後，尾韻帶出春天嫩胡蘿蔔的鮮甜。

蛋白質的胺基酸比例易為人體吸收，利用率高達98％的蛋，水煮後，浸漬高湯，可冷藏保存三天，是便當的常備良伴和救急良方。

春天正甜美的「初秋」高麗菜，因中肋細小，口感柔嫩，較適合做菜捲料理。搭配香味山芹菜和海味鹽烤海苔，層層疊疊，每一口，都是山與海的相遇。

義式番茄鹽烤鯖魚食譜請見116頁不敗主菜篇。

豆知識

高麗菜

在台灣，秋天開始常見的平地高麗菜品種有「初秋」和「錦秋」，甜度及品質在伯仲之間，但「初秋」滋味甜脆，因中肋細小，所以柔嫩度較佳，用來清炒、生食、涼拌醃漬或製作菜捲等都很適合。一樣是秋冬平地盛產的「雪翠」，甜度和脆度冠於其他品種，外型尖挺圓滿，色澤翠亮，葉脈紋路凸出明顯但纖維細緻。適合生食和大火快炒。

另有「台中1號」和「台中2號」，都屬於夏天品種的高麗菜。「台中2號」是新育成的品種，具有球體蓬鬆、口感鮮甜、纖維較少的特性，而且不會有辛辣味。儘管「台中2號」是夏天品種，但種植成率仍有限。而且夏天多有風災，因此價格較冬天高。

開始做便當之前

極光流美味又省時
祕訣大公開！

便當，是我們為家人準備的健康補給站。花點心思選擇當季食材，透過擺盤、色彩和調味搭配，讓少油、少鹽且無過度調味妝點的菜餚，在開盒的瞬間，即讓吃便當的人食指大動，胃口大開，大大提升了食物的營養吸收率。

因為有承裝容器、用餐時間和加熱方式等種種限制，所以極光依據五年來做便當的經驗值，歸納整理出「四四八」祕訣，來幫助大家提升效率，只要謹記這四個均衡、四個避免與八個省時，就能持續不中斷，用便當堅守我們對家人的愛與守護。

祝！快樂帶便當。

四個均衡

營養均衡 1
A.一道以蛋白質為主的
　主菜+二至三道配菜
B.蛋白質與蔬菜的分量
　比例約為1：3~4。

色彩均衡 2
A.綠黃紅為基本配色，盡量達到五色
　以上的呈現。
B.主要以香料或副菜表現色彩
C.配合中醫的五行五色。

調味均衡 3
A.新鮮即美味，展現食材的原味，不過度調味。
B.以鹹甜為主，酸辣為輔。
C.食材與調味料間的協同產生的旨味Umami。
D.最後再加一道自製甜食或果乾，讓心與口都大滿足。

口感均衡 4
A.軟硬適中的
　食材。
B.食材有軟有脆，
　求口感豐富。

四個避免

口味重的辛香料 1
A.避免過多的大蒜等會殘
　留難聞口氣的辛香料。

骨和刺 2
A.去骨去刺，以保安全及便利食
　用。
B.為方便食用，食材最好切成一
　口大小。

油 3
A.少油。
B.避免動物性油脂。

水 4
A.菜餚須瀝乾水分。
B.務必等菜餚和飯涼了，再蓋蓋子，以免熱度
　讓食物的水氣在便當盒蒸散。
C.醬料類（咖哩醬）另盒裝盛。

八個省時

前晚的計畫性準備 1
A. 通常在前一天的晚餐後，我會將第二天的便當食材集中置放在一個托盤中，一起冷藏。
B. 食材擺放在一方托盤中，很像作畫時的調色盤，同時決定了配色。
C. 將食材處理成半成品，可節省第二天的調理時間。例如，我會將肉捲中的蔬菜先清燙30秒到1分鐘，才不會蔬菜還夾生，但肉片已乾柴無味。

常備菜 V.S. 變化延伸 2
A. 準備可冷藏或冷凍的常備菜，還可變化出多樣菜色。
B. 有些常備菜，放置一段時間，更加美味。
C. 如金平牛蒡是一道非常實用的常備菜，可單吃，可做成肉捲金平牛蒡，可煎成日式蛋捲。
D. 味噌肉醬：和青蔬一起拌炒、煮豆腐、做成飯糰、當拌飯香。

冷凍食材 3
A. 飯、五穀雜糧和乾豆類，一次煮一鍋，按分量，用保鮮膜一份份包起，置冷凍庫，使用前一晚移至冷藏庫退冰。目前孩子的標準飯量大約是120克，大家可以斟酌加減量。
B. 主菜採買後，先行分裝醃漬入味，存放冷凍庫，欲使用時，前一晚置冷藏室解凍即可。

Leftover 大變身 4
A. 吃剩的肉、魚可以去骨，切剝成片狀鋪在飯上，或加入其他食材捏製飯糰。
B. 炸雞或排骨，可加入多彩蔬果燴製成糖醋、橙汁或柚子胡椒風味。

救命仙「蛋」 5
A. 最新的醫學研究，蛋已被踢出了食物黑名單，每人每天可攝取一顆蛋，蛋料理可成了主婦之友啊。孩子最愛的日式高湯蛋捲本身即簡單味美，再加入剩餘的零碎食材，可以每日一變。
B. 滷蛋、浸漬蛋、荷包蛋、炒蛋（番茄、胡蘿蔔或蝦仁）、菜脯蛋、三色蛋……可當主菜，也可當配菜，更是少一品菜餚時的最佳救命仙「蛋」。

一鍋煮料理 6
A. 同時在一鍋中煎主菜（牛排、魚排、豬排、雞腿和蝦），和蔬菜（彩椒類、竹筍、茭白筍和南瓜）以及菇類。再各自調味。（一隻好的橫紋鑄鐵煎鍋，很值得投資。）
B. 同一煎鍋中加熱主菜與副菜，可用鋁箔紙隔開菜餚。

炒飯或炒麵 7

A. 絕妙的清冰箱和
   快速料理。有
   飯、有菜、有
   肉、有蛋，同樣
   一鍋搞定。

善用調理工具 8

A. 同時使用瓦斯爐、烤箱和電鍋，同步烹調多道菜
   餚，提高效率。
B. 食材經過前置處理，再用不同的方式同時加熱，
   尤其是烤箱和電鍋不需人看顧，還可以悠閒地吃
   早餐，或做其他菜餚。效率事半功倍。

防腐食材運用

1. 鹽和糖是天然的防腐劑，稍微鹹一點或甜一點。
2. 酸是天然的防腐柵欄：醋、檸檬汁和梅乾等。
3. 新鮮香草，如蔥、薑、蒜、迷迭香和鼠尾草等。
4. 乾香料，如咖哩粉、紅椒粉、辣椒粉等。
5. 白飯加料調味，以保新鮮。

冷食或蒸便當？

季節冷食和蒸便當菜式：

A. 仲夏初秋：冷食。
   忌帶生食、半熟蛋。
B. 隆冬初春：
   蒸過不變味如蒸菜、滷燉料理、丼飯等。
   主食主菜和配菜分兩盒盛裝，一盒蒸，一盒不蒸。

炎熱	熱	涼爽	冷	寒冷
冷食+保冷劑或自製結凍飲料	冷食+保冷劑	冷食	冷食+湯品	主食+主菜蒸，綠蔬或醃漬類另盒裝

怎麼挑選便當盒？

開學季到了，除了張羅文具、繡學號之外，準備幫孩子帶便當的父母們，也差不多開始傷腦筋，要幫孩子們準備甚麼樣的便當盒了。

我幫大家歸納了一下，首先應該列入考慮的方向主要有：

冷食或熱食？
若是熱食，復熱方式為？
大方向確立了，再選擇適宜材質。

一、冷食 vs 保溫 vs 蒸便當

常常有人看到我做的便當，馬上提出：「這便當很漂亮，但都不用蒸喔？」「便當吃冷的，好吃嗎？」「便當沒有再熱過，不會壞嗎？」……等等一連串的發問。

源於國人的飲食習慣，我們對正餐的要求，總希望呈現我們面前的是暖呼呼的、熱騰騰的暖胃佳餚，所謂「一熱抵三鮮」。食物一溫熱了，就成了人間美味。

但是，如果實際問問孩子，您將會發現，孩子實在不愛吃蒸過的便當。

我研究了一下學校裡蒸便當的過程，因為人多，講求的是紀律與效率，以方便統一管理為原則，美味不是學校在意的重點，所以蒸便當的時間長短，通常超過兩個小時以上。

蒸便當的流程大概是這樣的：

第一節下課，大家把便當集中在一起；接下來放在蒸便當箱裡，一般應該是第三節下課開始蒸，也有人第二節下課就開始蒸，一直到第四節下課，取出食用。

愛問問題的我，不禁要問，

1. 在蒸之前，便當並未放冰箱，這時有人的便當是早晨現作的，有些人的是昨晚即作好，冰過一夜，各自的便當溫度也不盡相同，這樣好嗎？

2. 蒸的溫度如何？

3.蒸的時間多長？不要說食物的美味打折，營養成分是否也跟著流失？

4.蒸便當箱的清潔有在管控嗎？是否有天天擦拭通風呢？

5.各家便當的雞豬牛羊，五味混雜加上之前殘留的味道，這樣的便當好
　吃嗎？

另外，大家以為營養午餐也是熱騰騰的嗎？

其實不然。因為中央廚房需準備讓大家同時開飯，11:30左右食物就會被
配送至各班級門口，等到孩子們吃到午餐已經是12點多了，夏天還好，
冬天飯菜真的是冷的，一起開動，食物往往都涼了，尤其是冬季寒流來
時。

經過五年多的實驗，我會依據氣溫當作標準（攝氏20度），選擇盛裝的
容器和菜色。通常在夏秋直接做「冷食便當」；秋冬春之交則加上保溫
熱湯，冬天分兩盒，一盒送蒸飯箱，裝主食、主菜或耐高溫菜餚；一盒
不蒸，裝不耐高溫，易變色變味的青菜、涼拌菜等，有時也會再搭配熱
湯，或者直接使用保溫便當盒並外加保溫便當袋。

二、保溫便當盒

先來談談保溫便當盒。市售的保溫便當盒大致分為三大種類，

1.真空斷熱：

多為製作保溫瓶電子鍋的廠商出品，以日本品牌居多。外膽不銹鋼，內容器PP材質❶，分為菜盒、飯盒和湯盒。一整組的重量相當重，且因裝盛食物的容器為PP，極光先不討論。

2.不鏽鋼：

(1) 環扣型

只有1000 ml的大容量，有活動隔層。但食物裝不滿，非常容易冷卻。不列入討論。

(2) 旋轉開蓋型·

因有矽膠條，不側漏，保溫效果較好。各自分成：

兩盒裝

一盒裝飯，一盒裝菜。有台製和日本製，台製的沒有洩壓閥，有無法打開之虞。

單盒型

這是較新的改良型，有兩種尺寸12公分和14公分，且廠商的賣點是內膽316材質。

3.插電型：

內鍋為304不鏽鋼，其他塑膠部位材質均選用食用級PP，容量為0.7L。

旋轉開蓋式

品牌	材質	洩壓閥	尺寸		保溫溫度	配件
三光	上蓋PP 內膽：不鏽鋼304 底座PP	無	500ml*2	菜飯獨立分兩盒裝	在室溫25℃，熱飯或熱湯裝入後，經4小時一次量溫。 4小時熱飯溫度:48℃（約裝8分滿） 4小時熱湯溫度:52℃（約裝8分滿）	專用束口提袋
寶馬	上蓋PP 內膽：不鏽鋼304 底座PP	有	500ml*2	菜飯獨立分兩盒裝	在室溫25℃，熱飯或熱湯裝入後，經4小時一次量溫。 4小時熱飯溫度:48℃（約裝8分滿） 4小時熱湯溫度:52℃（約裝8分滿）	專用束口提袋
仙德曼	外膽：不鏽鋼304 內膽：不鏽鋼316 上蓋ABS 外塞不銹鋼316 底座止滑矽膠	有	12cm 700 ml 14cm 1000ml	活動隔層		活動隔層 + 可收納湯匙 + 提把
極致	外膽：不銹鋼304 內膽：不銹鋼316 上蓋ABS 外塞不銹鋼316 底座止滑矽膠	有	12cm 700 ml 14cm 1000ml	活動隔層		活動隔層 + 可收納湯匙 + 提把

三、非保溫便當盒

不同材質便當盒比較表1

材質	冷食	蒸	價格	優點	缺點	洗碗機	蒸籠電鍋	微波
304 不鏽鋼	✓	✓	中❷	安全容器、最普遍、輕	造型較不美觀可能買到204工業用材質	✓	✓	✕
玻璃保鮮盒	✓	✕	中	安全容器	重,易碎;不加蓋蒸	✓	△❸	✓
琺瑯	✓	✓	高	安全;美觀	蓋不緊、勿摩擦撞到以防掉漆、重	✓	✓	✕
曲物	✓	✕	高	較抗菌;米飯乾爽	不能加熱,蓋不緊	✕	✕	✕
木製	✓	✕	高	較抗菌;米飯乾爽	偏貴、不能加熱,蓋不緊	△❹	✕	✕
矽膠	✓	✓	高	可蒸,可微波	不易清洗,食物味道易殘留	✓	✓	✓
鋁	✓	✓	中	輕量	酸性食材易溶出鋁	✓	✓	✕
陶瓷	✓	✓	高	安全容器	重,易碎;不加蓋蒸❺	✓	△	✓

❶ PP材質雖被宣稱與DEPH塑化劑並不相容,但有原料取得製程中受DEPH污染之疑慮,此處先排除。

❷ 價格因國產別、品牌、雜牌而有差異性。

❸ 因蓋子多為塑膠材質,學校蒸籠不適合;公司行號的電鍋,可以將蓋子取下後蒸。

❹ 有的一體成形的木製便當盒,可以機洗,使用前請先詳閱說明書。

❺ 因蓋子多為塑膠材質,學校蒸籠不適合;公司行號的電鍋,可以將蓋子取下蒸。

雖然從以上的比較表來看，矽膠製品幾乎是無缺點的材質，但考慮到矽膠容器的普及性、實用性和一般國民的接受度，我會推薦冷、熱食皆可，而且重量輕、CP值最高且堅固耐用的「不銹鋼」。

不鏽鋼是一種合金鋼材，主成分為鐵，其餘的金屬包含鎳、鉻、錳等，「鉻」形成氧化鉻保護膜，防止生鏽；「鎳」則抗腐蝕性高、可以耐酸耐鹼。所以市售的不銹鋼容器依鉻和鎳比例的不同，大致有三種編號系列，分為200、300、400系列等。

不鏽鋼便當盒的選購原則

1. 不鏽鋼的材質分成201、430、304、316多種，但依國家規定，食用級的器具必須以304不鏽鋼製作，也可以使用醫療級316。

2. 曾有人教導居家使用磁鐵測，但其實並不準確。

3. 需認明鍋子材質編號為「304、18/8、18/10」「316、18/10、18/12」，且有SGS檢驗及食品級容器檢驗合格的產品，才購買。

	國際編號	鉻／鎳比	等級		錳
200	201/202				
300	304	18-8~18-12	食品級	廚房衛浴用品	<2%
	316	18-10 ~18-12	醫療級	醫療器材、餐具	<2%
400	430	18-0, 18-CR		不鏽鋼刀	

4. 容量的選擇

視孩子的食量選擇便當盒。小一點食量的孩子，450ml~500ml左右，中的600ml~700ml，再大的900到1000ml以上。

5. 可分隔和雙層為佳

台灣的製品，建議購買雙層便當盒，至少可作飯菜分隔，有一款會給上層一個賓士logo型的活動式分隔板。如果有餘裕，可以看看美國、日本或韓國的產品，比較方正的形狀，有雙層、固定式分隔，也有做活動分菜盒、菜盤、飯菜獨立分成兩盒的設計，甚至也有可放進便當盒的加蓋獨立點心菜盒，在運用上更加靈巧方便。

6. 第一次清潔

因為不鏽鋼在脫模時會使用一些助劑，通常是工業用油，所以第一次使用前務必用中性洗劑清洗乾淨，再浸泡滾水10分鐘。之後的清洗，只要以水浸泡，不需使用菜瓜布或鋼刷。

如果想帶冷食便當，我推薦日本製的「曲物便當盒」。日本各地都有曲物便當盒：秋田縣大館市的「大館曲物」、靜岡縣靜岡市的「井川」、長野縣奈良井宿的「曲物」和福岡縣博多的「博多曲物」等等。

江戶時期，武士爲了推廣並活用森林資源，開始發展Magewappa「曲物工藝」的技法。這種工藝是將200年以上，完全沒有節的秋田杉樹芯，乾燥三年後，直剖，在水中浸泡一晚後，接著煮沸軟化，彎曲成各種形狀，再以山櫻花樹皮製成繩子，將接口穿過固定。最後再裝上底板，完成本體。有不上漆的裸木盒，也有塗裝天然漆的或烙印花紋的樣式。

曲物便當盒通常爲杉木或檜木製成，有適度的吸濕功能，米飯裝盛在裡頭，變得晶亮水潤，且透露著一縷淡淡杉木或檜木幽香。隨著時代的推移和流行，曲物便當盒的造型已發展出圓型、橢圓型、長方型、腰子型和梅花型等等各式形狀。

飯菜裝在這樣的木盒中，在視覺效果馬上加分，吃的人也覺得心情愉快。而且天然杉和檜木都有抑菌的效果，尤其適合炎熱的夏季使用。我家的便當盒已使用五年，仍散發木頭香味。如果想長期帶便當，投資一個，並好好保養使用，還滿值得的。

保養方法：

1.使用完畢，用軟布和中性洗劑，洗淨擦乾，放置陰涼處晾乾再收納。

2.每月遇到風和日麗之時，可拿出曲物便當盒，在不直射的陽光下，曝曬殺菌15分鐘。

3.一週使用一次紫外線殺菌功能的烘碗機。

曲物便當盒的選購原則

1.檢查木板是否為膠合板。許多陸製商品因大量製造，並非講究手工製作的「曲物工藝」，因此以膠合板製作，且通常是樺木膠合板。在日本售價多落在30美元上下。台灣的迪化街只需花200元就可買到。羊毛出在羊身上。

2.檢查是否有表面塗層，以及塗層的原料為何？

極光好用小物大公開

好用小物 ①
矽膠分隔盒

很多人問我，便當裡分隔菜色的小盒子是甚麼玩意兒？
在哪裡購買？

這些小盒子叫做「矽膠分隔盒」或「分菜盒」，材質是矽膠樹
脂（Silicone rubbers），可用微波爐加熱，可冷凍與用於洗碗機。一般
可耐高溫至240°C，低溫至-60°C，且有優越的抗老化性，可多次使
用。若是還有疑慮，請想想嬰兒奶嘴，基本上是一樣的材質。

使用矽膠分隔盒的目的，是為了避免食物的油或湯汁彼此沾染，可以保
存便當菜色各有獨立味道，湯汁也不會將飯泡軟，可重複使用是非常好
用的小道具。

我現在最常使用的型款，在City's Super買的。我也喜歡Afternoon Tea
的，該品牌的產品每季推陳出新，這一季新的便當小物組合，裡頭也有
分隔盒；至於MUJI的矽膠分隔盒則常年來都是三個一組，因為
形狀上適用細長型的瘦便當盒，我比較少使用。還有另一個
代替品就是烘焙用的矽膠烤模，買馬芬杯的最剛好。購買
上該注意的是，是否買到食品級，其耐熱溫度為何。

使用上，第一次使用前需多漂洗幾次，將矽膠味洗去。
使用後也要注意，將上面沾染的油與氣味，用中性洗劑

和溫熱水徹底洗淨，並陰乾再收納。勿用菜瓜布和金屬刮洗表面。使用前，如果發現黏黏的，最好再用熱水清洗一次，拭乾再使用。

好用小物 ②
不鏽鋼點心盒

因為一直找不到最理想的便當盒+分隔設計，極光早已畫好設計圖，想自己開模製造。大約的型式是一個大便當盒附上2到3個小型有蓋點心盒。最近發現，在國外已有跟我概念相同的產品了。

大的便當盒加上小型的有蓋或無蓋點心盒，材質有全不鏽鋼或者是蓋子矽膠但本體是不銹鋼。這種小點心盒可獨立裝菜餚或水果，也可以放進便當裡當作分隔盒（不加蓋）。因為加蓋，裝盛有醬汁的燉煮類菜餚透別適合，如咖哩、滷牛肉都很棒。如果需要蒸便當，更可以直接把冷凍或冷藏菜餚，直接從冰箱取出，放在便當盒中與其他飯菜一同蒸煮，非常方便。

好用小物 ③
蔬果壓模

製作便當時，我盡量表現出食物原本的色香味和姿態美感，不太做過多的裝飾，如日式的章魚熱狗和卡通造型飯糰等。但有餘裕時，我會利用蔬菜壓模將煮熟的菜蔬壓成特殊形狀來妝點。最常用的便是橘紅的水煮胡蘿蔔切片。春天時用櫻花瓣，秋天有銀杏葉和楓葉型，小巧可愛的應景造型一擺放上去，頓時增添不少季節風情呢。

保冷劑、保溫冷袋和便當包巾

保冷劑

台灣中小學的第一學期約莫在每年的六月底結業式，過完兩個月的暑假，九月開學。六月結業之時為梅雨季，濕熱並存；九月開學之時雖已過了立秋，秋老虎的威力不滅，甚至在十一月氣溫直飆到三十度。

為了避免做好的便當在高溫下因微生物滋長而腐壞，我會在便當菜放涼後才蓋上盒蓋，先蒸散熱氣並避免濕氣，再外加保冷劑一起放進內裡有鋁箔層的保溫冷袋中。

購買須低溫保存的食材，通常會附店家的保冷劑，平常勿丟棄，可放在冷凍庫中，需要時再利用。

市售保冷劑，在日系39元商店大創百貨有各種尺寸和圖案的保冷劑，有時Afternoon Tea的野餐系列也有，不講究造型的，3M醫療用的冰敷袋也是不錯的選擇。

嚴格來說，這些保冷劑並不環保，未來產生的垃圾處理可能也會危害環境。不想買保冷劑的，可以將自製飲料，如：蜂蜜水、檸檬水、酸梅湯、洛神花茶、愛玉裝瓶，冷凍一晚，和便當一起放進保溫袋中，既達到保冷效果，又環保，還有冰涼的飲料可以享用。

不只是美麗：便當包巾

傳統的日本風呂敷為正方形的布巾，應用在便當、禮盒、盛盒、水壺、酒瓶和手挽包等，甚至有專業的協會開課教授風呂敷的用法。

如果用來包便當，極光的經驗值以45~50公分見方的布巾最為理想。我崇尚自然，因此多採用棉麻材質。位於台北大稻埕的永樂市場二樓，有琳瑯滿目的布任君挑選，選購好了，直接拿到三樓裁剪，考克或車布邊即可完成。

如果有孩子值得紀念的小棉麻洋裝或衣裙，或是穿不下也捨不得送出的花裙，或有被污漬沾染洗不掉的漂亮桌巾時，我也會請裁縫師幫忙剪裁，再考克或摺邊車縫，變成有歷史感的惜物包巾。

包巾的觸感溫暖、樣式美麗，好處也很多：防湯汁溢漏、防油污、防冰品水氣，當然還有綁風呂敷者滿滿的心意。

最近我仿效進口食物袋，先用蠟紙包妥三明治，再用包巾包起來成為自製的食物袋，好看又環保。

美感！便當盒盛裝示範

如同擺盤，便當裝盛的美感，也是食育中的一環。以下介紹我常用的幾種便當盒盛裝的分割方法：

縱向1/2法

主菜縱向
1/2

配菜縱向
依序排列

醃梅或
一點酸甜

1/2

白飯墊底

1/2

適用情境：
‧長形食材
‧橢圓形、長方形便當盒

盛裝技巧

❶ 務必瀝乾水和油

❷ 利用分隔盒，避開不同菜餚味道和醬汁互相沾染。
  ‧矽膠分隔盒，可用矽膠馬芬烤模取代。
  ‧或使用不銹鋼點心盒。
  ‧自製鋁箔紙盒也可以。

❸ 避免空隙，如有空間可用小物塞滿，艷紅的小番茄可以填補空間，顏色又可點亮整個便當

❹ 漬物、水果和沙拉另盒裝盛。

三分天下法

三分天下是常用的便當排法，只要利用主菜和配菜稍微分隔，或者以矽膠盒就能拉美麗的分隔線。我還留了一個進階做法，大家不妨試試看！適用於各種便當盒。

三分天下①

1/3　　1/3　　1/3

適用於
各種便當盒

三分天下②

1/3　　1/3　　1/3

1/2

1/2

三分天下③

1/2　　1/2

1/3

1/3

1/3

四象限法

四象限法常用於有三到四種菜色時，可保持一種平均之美。

適用於長方形的便當盒

四象限①

1/4　　　　　1/4

1/4　　　　　1/4

四象限②

1/4　　　　　1/4

1/4　　　　　1/4

圓心放射法

菜色較多元，且顏色多彩多姿時，可以放射法。

適用於圓形便當盒

彩虹排列法

菜色多樣時也可這樣放。

適用於
各種便當盒

鋪天蓋地法

如果主菜的面積明顯較大，就可以用這種方法。

適用於
各種便當盒

極光流旬味
四季便當提案

白蘿蔔
栗子
蘆筍
青蔥
花椰菜
哈密瓜

「天地有食養。不時，不食。」

近幾年，反常的極端氣候，如：極地冰風暴、帝王級寒流、創新高溫的酷暑、豪大雨成災等等，每每對我們居住的環境造成了難以修復的災害，人們的身體健康也越來越受到威脅。這些大自然的風、暑、濕、燥、寒都是中醫裡的「邪」，所謂「正氣存內，邪不可干」，我們唯有調整體質，養正氣，才能抵禦急遽的氣候變遷。選用在地當令的食材，除了是美味新鮮的保證之外，更是我們培養好的體質的最佳良方。

或許是我爺爺和外公那一代都還在務農，家裡的餐桌風景總是隨著四季

胡蘿蔔　　　蛤蠣　　　白菜　　　蘋果　　　豌豆　　　南瓜　　　芹菜

而更迭，只吃盛產而便宜好吃的當令蔬果。因此，我們家的四季餐桌，辨識度很高。

夏季是瓜果涼蔬，大小黃瓜、絲瓜、瓠瓜、紫茄，苦瓜、茭白筍和蕹菜等，還有一上桌就被搶食的綠竹筍，光是蒸熟了吃原味，那鮮甜總讓大人們嘖嘆著說：「對時尚好呷！」而一到冬天，十字花科的菜連番上陣，蘿蔔、高麗菜、大芥菜、花椰菜、菠菜、黑柿番茄等。我們不曾在冬天吃絲瓜，或在夏天吃到蘿蔔。

我想，沒有人明文規定這些習俗。但經過分析思考後，會發現隱藏在其

後的敦厚意義，無非是要教化庶民，吃當令才最美味，也最營養，有益健康，也因此才可得到上天的恩賜與祝福。

我很喜歡的一句台灣俗諺：「正月蔥，二月韭，三月莧，四月蕹，五月匏，六月瓜，七月筍，八月芋，九芥藍，十芹菜，十一蒜，十二白。」琅琅上口，淺顯簡單的記載著前人的智慧結晶，告訴我們在什麼時候，什麼蔬菜最是新鮮好吃。也正因合時，所以盛產，所以較不需人工照顧、催熟、特別的儲放與噴藥等等多餘的成本，所以最是便宜。

食宜與食平

中醫認為食物各有性味偏性。性有平、溫、熱、涼、寒；味有酸、苦、甘、辛、鹹五味。中藥草即是用自然孕育而成的性味偏性，來平衡調整不同人因先天或後天造成的亞健康體質，進而調養身體，培養自癒力，甚至消除疾病。

食養不是烏黑黑的中草藥和藥膳，而是順時養生，法於陰陽的「食宜」。除了結合當令在地的新鮮食材之外，並因著各個節令產生的氣候變化，在食材的性味組合和調味加以調整選擇。神奇的是，這些食材組合往往與當季盛產的食物相呼應，也印證了大自然對人類的好生厚德。

西方營養學說：「You are what you eat.」

可見唐代名醫孫思邈在他的著作《備急千金要方》的卷廿六〈食治〉中提到食物就是最好的醫藥，食平不僅能「五臟調，百病消」；還可以讓

我們的精神愉悅，氣血通暢，讓身體得到滋養。

近年來中西方皆認為食物為安身之本，唯有「食宜」和「食平」，才能身心平衡，增加身體的抵抗力，順應環境的變化，永保安康。這正是所謂的「上工治未病」。

因此我選擇在地、當令當季的營養新鮮食材，運用中醫的古老智慧，做為調味與食材性味搭配的原則，設計出四季便當菜單作為示範，提供大家參考。雖然常常提到一些中醫古籍裡的用語，大家無須強記，只須跟著做，自然而然的，您的味蕾和身體會自動記憶，什麼才是當季當令和合於自己身體狀態的飲食和調味。

此外，台灣地處亞熱帶，風土氣候與古籍《黃帝內經》之中以黃河流域為主的論述其實有很大的出入，所以我採用林貞岑和曾慧雯合著的《跟著天氣養生》將台灣的四季分成：

春 3~5 月，共三個月
夏 6~9 月，共四個月
秋 10~11 月，共兩個月
冬 12~2 月，共三個月

衷心希望大家一起來，為我們的家人
打造不容易生病、元氣充沛的體質。

春天乍暖還寒，乍雨還晴的多變天氣，溫、溼度變化急遽，很容易造成免疫力下降，呼吸系統感染、著涼、受風寒或皮膚長疹子，如果再遇上流感，真讓人憂心家人的健康。

幸好，大自然有解藥

當令的春蔬野菜，正好富含可以提升免疫力和抗病毒的抗氧化能力的維生素和植化素。抗癌聖品的十字花科，如油菜、綠白花椰、白蘿蔔和高麗菜等來到了盛產季末；豆莢類如敏豆、豌豆莢、毛豆、蠶豆和皇帝豆正當時，而帶著枝葉的新胡蘿蔔、東昇南瓜、新馬鈴薯、蘆筍、紅白莧菜和洋蔥也接連上市。番茄、芫荽和青蔥，此時也物美價廉，營養豐沛。因此我們應多多運用春蔬入菜，來照顧家人的健康。

深綠色蔬菜養肝，黃色食材養脾

春氣在五臟中對應的是肝，肝屬木，對應的顏色是綠色。所以**春天應多吃深綠色蔬菜來養肝**。

此外，**春雨連綿，造成人體溼氣重，影響到脾的運化功能。黃色的食物入脾**，在食材上，我們可選擇黃色食物，如玉米、小米、南瓜、黃豆、地瓜、木瓜等。養脾益氣的食物還有山藥、蓮子、各式豆類、酒釀、四季豆、茼蒿和馬鈴薯等。

藥王孫思邈認為「春七十二日，省酸增甘，以養脾氣」，正是春季的食養方，巧妙運用食物的性味，再加上調味料，省酸（少吃點酸味）、增甘（多吃點甜味的食物）來養脾氣。

在**飲食中加點入肺的辛味時蔬、辛香料和新鮮香草，可以發散，促進人體的新陳代謝**，並可提升體內陽氣，幫助我們對抗瞬息萬變的氣候。性溫、溫中散寒、除溼、具止痛等作用的花椒、肉豆蔻、八角等可加利用。須注意，辛味屬陽，不補肺陰，所以肺燥的人（易口感舌燥、皮膚眼睛乾燥），並不宜吃太多。

菜單設計與食材準備原則：

調味

1.辛香料入菜：

花椒、胡椒、肉豆蔻、小茴香（孜然）、薑黃、八角、馬告、月桂、肉桂和咖哩等。

2.新鮮香草入菜：

當令盛產的蔥、韭、洋蔥、香椿嫩芽、香菜和紫蘇都是性溫味辛，幫助發散行氣的食材。

主菜

1.以容易消化的雞、豬肉、魚和蝦為主。

2.春季盛產的海鮮類。齒鰆、土魠、櫻花蝦、黑鯛、透抽、鰹魚、四破魚、章魚和劍蝦等。

配菜

1. 當季盛產的深綠色和黃綠色蔬菜，用水炒或川燙，製作成溫沙拉或燙青菜。

2. 多樣化的植物油：另盒裝盛的青菜，多半以少量水煮川燙，再拌以調味料或油。以亞麻籽油、核桃油或南瓜籽油等富含Omega3的油品入菜，為家人建立不易發炎和不過敏的體質。

3. 另一道為可保溫或復熱的燉煮、煎炒料理，如：高湯蛋捲、金平牛蒡、油淋黃豆芽等等。

一點酸甜

4. 「春日宜省酸增甘」，所以我會多加一點水果、果乾或自製甜食作為甜味來源。

5. 一點甜作為一餐的收尾，可收收口，給予滿足感。

主食

1. 多食小米飯：為養脾胃，可以1/4小米3/4白米或糙米為基調炊蒸小米飯

2. 季節炊飯：如鮮豆類、玉米、牛蒡、青菜，做出即席拌飯或炊飯演繹出季節感。

Monday

Tuesday

Wednesday

Thursday

Friday

Monday

主菜 花椒雞腿捲

花椒和台灣常見的刺蔥（山茱萸）和日本的山椒是親戚，和柑橘類同屬芸香科植物，所以新鮮的花椒會有一種柑橘味（檸檬烯）。建議到中藥房買新鮮的川椒，指定大紅袍，你會發現原來花椒不只麻而已，還香味豐富喔！

材料

去骨雞腿肉……1 隻
米酒……1大匙
花椒
鹽

花椒精油的某種成分，有可能與塑膠起作用，把塑膠製品中的塑化劑溶出，甚至溶蝕，所以建議存放的容器最好是玻璃或瓷器喔。

作法

❶ 去骨雞腿如還留有股骨關節，請先切下來，可另做他途。

❷ 雞腿肉秤重，取雞重量百分之一的鹽。

❸ 鹽與兩大匙花椒，乾鍋小火炒香，注意花椒炒過頭有苦味，放涼備用。

❹ 在雞腿兩面上噴一些米酒，按摩一下讓酒滲透至肉裡。

❺ 將❹抹勻雞腿，置冷藏醃漬四小時以上或隔夜。

❻ 刮除花椒粒，用滷香包棉袋裝盛。

❼ 雞腿平放在工作檯上，雞皮面貼檯面，由下往上捲起，用錫箔紙或棉繩綑成圓筒。

❽ 連同香料包放入一深盤，入電鍋，外鍋加1~1.5杯水蒸煮。

❾ 待跳起後悶十分鐘，取出置涼。只切食用分量，餘置冰箱加蓋冷藏。

配菜 金平奶油味噌胡蘿蔔 常備

材料

胡蘿蔔……1 條
奶油……10克
芝麻油……2小匙
熟白芝麻……1大匙

調味料
醬油……1大匙
砂糖……1大匙
味醂……1 大匙
酒……1大匙
味噌……1小匙

作法

❶ 胡蘿蔔洗淨，削皮，切成5公分長細絲。

❷ 熱鍋，加入芝麻油和奶油，炒胡蘿蔔絲。

❸ 斷生後加調味料，炒至水分收乾，熄火。

❹ 拌入炒香白芝麻粒。

配菜 薑味鹽麴芥藍野菇

材料

芥藍菜……1小束
（小松菜、青江菜、塔科菜皆可）
鴻喜菇……1/2包
鹽麴……1 小匙
薑泥……1/4 小匙

作法

❶ 鴻喜菇或美白菇，削去根蒂，撕成一朵一朵的，下鹽水煮。

❷ 芥藍菜洗淨，莖部先下，以鹽水汆燙，待葉子變深綠，即可撈起。稍微過冷開水，擠去水分，切成適口大小。

❸ 菇和芥藍放在一料理缽中，下高湯醬油和嫩薑泥，靜置十分鐘。

❹ 食用前或裝盒前，再輕輕擠去湯汁。

主食 上海菜飯

一點酸甜 無花果乾

材料

米……2合
金華火腿……80 公克
或家鄉南肉
水……2杯弱，因有菜的湯汁，水可少些
青江菜……150公克
薑末……1/2小匙

千萬不要將火腿換成香腸或西式火腿，那就不叫上海菜飯，改稱為香腸菜飯了。另外，我不加雞高湯，因為就是要品嚐火腿和青江菜混煮帶來的鮮鹹和菜香的單純美味，故不再多添味了。

作法

❶ 青江菜洗淨，切細長段，葉、梗分開備用。

❷ 米洗淨，需洗到洗米水清澈為止。泡水30分鐘後，完全瀝乾。火腿切細條狀。

❸ 熱鑄鐵鍋，加油，炒香火腿和薑末，下青江菜拌炒幾下即起鍋。

❹ 米放入鍋中，轉小火翻拌幾下，讓米均勻沾附油脂。

❺ 加2杯水，開大火，放回青菜火腿，開中大火，沸騰後，轉小火，蓋蓋子燜煮10分鐘，熄火，燜10分鐘。喜鍋巴者，可以再開大火1分鐘再熄火。

❻ 掀蓋，將菜飯往上輕輕翻動，即可享用。

Tuesday

柚子胡椒風雙色蔬菜豬肉捲

極光超愛肉捲料理的,因為可以異食材結合。薄薄的豬梅花
火鍋肉片,幾乎和各種蔬菜速配,都可以捲在一起。時令的
春蔬、珠蔥、四季豆、玉米筍、牛蒡、南瓜、蘆筍、高麗
菜、金平牛蒡、胡蘿蔔和高麗菜,你愛怎麼捲,就怎麼捲。

材料

豬梅花片……6片
四季豆……5根
珠蔥……1小把
玉米筍……4條
低筋麵粉……少許

調味料
┌ 米酒……1大匙
│ 醬油……1~1.5大匙
│ 味醂……1大匙
└ 柚子胡椒……1/2小匙

作法

前夜準備:

玉米筍和四季豆洗淨燙熟,珠蔥洗淨瀝乾,切成約8cm段,醬汁調好,肉片
解凍。

當晨料理:

❶ 取兩片梅花肉片較破碎處交疊,整型成完整形狀,通常是矩形,撒點麵
　粉。

❷ 取蔬菜放置肉片下方水平面1/5處,肉片由下方往上捲住蔬菜,再往上邊
　捲邊壓緊實,邊塑型,注意不讓蔬菜外露,邊在兩端收口成尖棱狀。

❸ 熱油鍋,將肉片接縫處貼鍋煎,定型後,不用翻動,倒出鍋內多餘的油
　份,下調味料。

❹ 煮開後,開中大火,再翻面滾動肉捲,讓肉捲均勻上色。醬汁起泡濃稠
　後,熄火,再滾動肉捲,使其均勻裹覆醬汁。

　　　　　　　　　　詳細捲肉步驟法可參考p.121

配菜 酒釀海苔蛋捲

材料

蛋……2個
酒釀……1大匙
鹽……1/2小匙
燒海苔……1又1/2張

作法

❶ 海苔對切，另外將蛋液、酒釀和鹽混打均勻。

❷ 在煎蛋鍋中，倒油熱鍋，用餐巾紙將油塗抹均勻。

❸ 倒第一層蛋液，鋪上海苔，捲起，倒第二層蛋液，再鋪一層海苔，依序將剩餘蛋液使用完畢，做成蛋捲。

配菜 奶油玉米炒高麗菜嬰

不同於高麗菜的柔嫩，高麗菜嬰較為爽脆耐炒。利用奶油營造香氣，並加上甜玉米粒增加甜味，顏色漂亮又受孩子們喜愛。

材料

高麗菜嬰……5顆
冷凍甜玉米粒……100公克
大蒜……1瓣
奶油……10公克
料理油……1/2大匙

調味料
鹽……適量
黑胡椒……適量
酒……適量

作法

❶ 高麗菜嬰洗淨，依大小對切、四分或六分切。

❷ 熱鍋，下料理油，爆香蒜片，續下高麗菜嬰翻炒，噴酒，下玉米粒。

❸ 加入奶油並調味，翻炒均勻，即可起鍋。

一點酸甜 檸香蜜番薯 常備

材料

番薯……2條
1/4個檸檬擠汁加水（泡番薯以防變色，如使用日本種紅皮番薯就不需泡檸檬水）

蜜番薯糖水
麥芽糖……1大匙
二砂……2大匙
鹽……1小撮
檸檬汁……1個的量
水剛好淹過番薯的量

作法

❶ 番薯洗淨，切成1公分輪狀。泡檸檬水5分鐘。

❷ 煮蜜番薯糖水，放入番薯，滾起，用落蓋蓋住，轉小火，煮至湯汁濃縮收汁即可。

主食 櫻花飯糰

詳見167頁

Wednesday

主菜 土魠魚芝麻味噌

材料

土魠魚輪切……1片	醃魚料A	味噌醬B
鹽……少許	酒……1/2小匙	味噌……2小匙
麵粉……少許	薑汁……1/2小匙	高湯醬油……1大匙
鴻喜菇……1/4株	醬油……1/2小匙	酒……1大匙
香菇……1朵		生薑末……1/2小匙
洋蔥……少許		糖……1/2小匙
青龍椒……1根		
料理油……適量		
熟白芝麻……適量		

作法

❶ 土魠魚切2塊,去骨。撒少許海鹽靜置10分鐘,冷水沖掉鹽和血,用紙巾拭乾備用。用A醃漬10分鐘。

❷ 魚身均勻刷上麵粉。

❸ 洋蔥切扇形片,鴻喜菇切除蒂頭,分成3朵1株。

❹ 熱油鍋,一邊放土魠魚,一邊放鴻喜菇、香菇和青龍椒,煎至金黃焦香,取出蔬菜。加入混合均勻的B,讓魚塊均勻裹附醬汁,待醬汁收稠,再放回蔬菜,熄火,拌炒均勻,最後撒上炒香白芝麻即可。

配菜 薑黃炒綜合菇

薑黃和黑胡椒因各自成分產生協同作用，是超級抗癌組合，再搭
配高纖的菇類，用椰子油炒製，健康與美味完全無違和。

材料

綜合菇類（杏鮑菇、雪白
菇、鴻喜菇等等皆可）
薑末
蔥末
椰子油…… 1大匙

調味料A
┌ 薑黃粉……適量
│ 黑胡椒……適量
└ 鹽……適量

作法

❶ 綜合菇類洗淨拭乾
後，切成適口大
小。

❷ 熱油鍋，炒香薑末
和蔥白。

❸ 加入綜合菇類，炒
香軟。

❹ 續加A調味，炒拌均
勻，即可起鍋。

配菜 蜂蜜芥末拌小松菜香芹

材料

小松菜……半束
西洋芹……1株

調味料A
┌ 顆粒芥末醬…… 1/2 大匙
│ 蜂蜜芥末醬 ……1/2大匙
│ 鹽……1小撮
└ 蜂蜜……1大匙

作法

❶ 小松菜洗淨，切成4cm段。西洋
芹菜去除表皮粗纖維，斜切片
狀，兩者用鹽水快速汆燙後，過
冷水，瀝乾擠壓水分備用。

❷ 調勻A，放在料理缽中，拌入1即
可。

一點酸甜 蜜煮紅腰豆 常備

材料

紅腰豆……100公克
二砂糖…… 80公克
鹽…… 1/2小匙
水……1杯

作法

❶ 紅腰豆洗淨，放冷藏浸泡冷水6小時以上。

❷ 泡豆子水倒掉，重新加水淹過豆子約3公分。

❸ 電鍋外鍋加3杯水（分量外），放入蒸架，再
放內有紅豆的煮鍋，蓋上鍋蓋按下開關，。

❹ 開關跳起後，續燜15分鐘，用筷子輕輕攪拌，
外鍋再加2杯水，再按下開關，待開關跳，再
燜15分鐘。

❺ 掀蓋，趁熱加入砂糖和鹽，筷子輕輕拌勻。

❻ 將紅腰豆倒入乾淨的容器中，放涼，置冰箱冷
藏或冷凍保存。

主食 玉米炊飯
詳見160頁

主菜 新馬鈴薯肉末鹽蔥奶油煮

近年許多小農開始嘗試種植不同種類的馬鈴薯,有黃皮、紅皮和紫皮紫肉馬鈴薯,且個頭小巧玲瓏,相當可愛。新馬鈴薯有著特殊的香氣和水嫩的質地,和鹽蔥醬、炒得焦香的肉末和奶油同燒,可襯托出其清新的春之甜美滋味,讓人食指大動!因為採用絞肉,毋須擔心肉片會老化硬柴,是日式馬鈴薯燉肉的簡易變化版,再復熱也一樣好吃。

材料

新馬鈴薯……約250g
新洋蔥……半顆
豬梅花絞肉……150 g
米酒……1大匙
豌豆莢……1小把
日式高湯……2杯(雞高湯也可)
醬油……2大匙
鹽蔥醬……適量
奶油……1小匙

作法

❶ 新馬鈴薯洗淨,不削皮,視大小對切或滾刀塊一口大小。鹽水煮滾,下馬鈴薯,煮至半熟(可用筷子叉穿),瀝乾備用。洋蔥切粗絲。豌豆莢撕去老筋,用鹽水汆燙,過冷水,備用。

❷ 絞肉下油鍋,炒至變色,多餘的油脂倒出,加米酒醬油拌炒均勻,起鍋。

❸ 原油鍋加1/2大匙油,炒香洋蔥和馬鈴薯,再加入炒好的絞肉和高湯,蓋上落蓋,中大火煮10分鐘,開蓋,加入奶油,續煮至收汁。

❹ 拌入鹽蔥醬,撒上豌豆莢做裝飾即可食用。

> 如買不到新馬鈴薯,也可以將普通馬鈴薯削皮後,切成一口大小塊狀或小丁狀,浸泡冷水10分鐘後瀝乾再用同樣方式炒製。

配菜 綠花椰迷你焗烤

只要掌握不同食材進烤箱之前的熟度，也適用於白花椰、綠蘆筍、山藥、秋葵和竹筍等。

材料

處理好洗淨的綠花椰
分小株……約6~8株
小番茄乾……4個
自製蛋黃醬（詳見170頁）
帕馬森起司粉或Pizza
用起司絲……適量
錫箔點心杯……2個

作法

❶ 綠花椰再切對半，用熱鹽水汆燙殺青，瀝乾備用。

❷ 綠花椰和小番茄乾一起放在料理缽中，加一點蛋黃醬拌勻，分兩份在各小杯中。

❸ 上面再塗上一層美乃滋，撒起司粉。

❹ 送進小烤箱，轉900瓦的火力，烤4~5分鐘直至表面金黃。

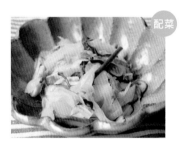

配菜 櫻花蝦炒高麗菜

材料

高麗菜……100公克
鹽……適量
櫻花蝦……1大匙
新鮮香菇或黑木耳……1朵
酒……1大匙
水……1小匙
芝麻油……1/2小匙
蒜……1瓣
蔥……1枝
料理油……適量

作法

❶ 高麗菜洗淨，撕成一口大小。蔥切小，分成蔥白和蔥綠。

❷ 熱油鍋，炒香大蒜、蔥白和櫻花蝦，加水和酒，煮沸後加高麗菜，拌炒至菜軟化。

❸ 加鹽，翻拌均勻即可起鍋。

 主食 白飯+鹽昆布黑芝麻

一點酸甜 蜂蜜胡蘿蔔奶油煮 常備

材料

胡蘿蔔……1根
奶油……10公克

調味料
┌ 小茴香籽……1小匙
│ 水……100ml
│ 蜂蜜……2大匙
└ 鹽……1/2小匙

作法

❶ 胡蘿蔔削皮，切成1公分圓片，邊緣銳角處修圓成鈕扣狀。

❷ 煮鍋放胡蘿蔔和調味料，水只要剛好淹過胡蘿蔔的量。落蓋，中火煮至沸騰，轉小火，煮至胡蘿蔔軟化，表面光亮，加入奶油。

❸ 冷藏2小時入味再食用。

主菜 西班牙Tapas風蒜味馬告鮮蝦

春季陰雨連綿的天氣，常常讓我們昏昏沉沉、四肢無力，在菜餚裡加一點穿透憂鬱的馬告（山雞椒或山倉子），可以提振精神、趕走疲倦和促進消化。薑+黑胡椒＋檸檬香茅的香氣，帶來陽光普照的感覺。

材料

大蝦……4尾
大蒜末……2個
君度橙酒（用白酒、米酒也行）……1小匙
馬告……1小匙
檸檬汁……1大匙
海鹽……適量
現磨黑胡椒……適量
新鮮巴西里或香菜
檸檬碎
檸檬片

作法

前夜準備：

❶ 蝦去殼，開背刀，去腸泥，洗淨拭乾。蝦頭可冷凍保存，日後可做熬湯頭或龍蝦湯使用。香草切末。

❷ 大蒜切末，調味料備好。

當晨料理：

❶ 炒大蒜末至金黃，下大蝦，見蝦肉變白或蝦殼轉紅時，加入馬告，檸檬汁拌炒至熟。

❷ 以海鹽和現磨黑胡椒調味拌炒均勻即可起鍋。最後裝飾以香草、檸檬碎和檸檬片。

注意如果是馬上要吃，而不是帶便當時，可千萬不要去殼，蝦殼爆炒所產生的焦香氣和鎖住蝦汁，會讓蝦肉更鮮甜！

配菜 煙燻紅椒馬鈴薯烘蛋

材料

中型馬鈴薯1個或小型馬鈴
薯2個
洋蔥……1/4個
培根……1/2片
無鹽奶油……1.5大匙
鹽……少許
黑胡椒……少許
新鮮迷迭香……2枝
西班牙煙燻紅椒粉（我用La
Chinta hot smoked paprika）

調味料A
- 蛋……3個
- 牛奶……2大匙
- 鹽和胡椒……適量

作法

❶ 馬鈴薯連皮洗淨，拭乾。切成0.1公分
厚度的輪切薄片。放入冷水浸泡5~10分
鐘後，瀝乾備用

❷ 洋蔥切碎，培根切成0.5公分見方小
丁。

❸ 奶油融化，加入切碎的迷迭香葉和調味
料，製作香料奶油。

❹ 煎蛋鍋加熱香料奶油，炒香洋蔥和培
根，續加入馬鈴薯，炒至半透明。

❺ 倒入混和均勻的A並撒入煙燻紅椒粉。

❻ 小火烘蛋，待蛋底部凝固，蛋凝結至8
分左右，翻面續煎。

❼ 盛出烘蛋待涼，切成一口大小，可搭配
番茄醬食用。

配菜 核桃醬拌綠蔬

材料

綠色蔬菜……1小把
核桃……1大匙

調味料A
- 味噌……2小匙
- 味醂……2小匙
- 薑汁……1小匙

作法

❶ 煮一小鍋水，加入1匙鹽，燙蔬菜，瀝乾備用。

❷ 調味料A用研缽調勻。

❸ 核桃用小烤箱900W，烘烤5分鐘，中途需翻
面。

❹ 放在兩張烤焙紙之中，用桿麵棍敲碎。

❺ 蔬菜拌入已調勻調味料和核桃碎粒。

一點酸甜 柳橙蜜漬胡蘿蔔 常備

材料

胡蘿蔔……1根
鹽……適量
柳橙肉……1/2個
杏仁片……適量
蜜棗或葡萄乾
……1大匙

調味料A
- 蜂蜜……2大匙
- 檸檬汁……2大匙
- 柳橙汁……半個

作法

❶ 胡蘿蔔洗淨，縱向對切用刨
刀刨出長條薄片。用鹽抓醃
出水10分鐘，沖冷開水，瀝
乾備用。

❷ 柳橙去除膜，只取肉，切成
塊狀。

❸ 調勻A，和所有材料一起放
入缽中，搖晃拌勻。

❹ 置冰箱冷藏2小時即可食用。

主食 香料薑黃飯

詳見167頁

夏季便當
提案

辛酸去濕多芳香

台灣的夏季，從六月到九月，影響我們的身體時間最長。暑熱讓人流汗過度，體力消耗快，人體的氣也被排出，氣不足，食欲不振更加提不起勁；高溫又溼氣重，大家貪涼不知節制，冷氣電風扇直直吹，散熱不及，容易熱感冒、中暑，長期下來，水分累積腸胃排不出，造成脾胃運化不良變成惡性循環，人因此而倦怠無力、消化不良和拉肚子。只要多加利用當令食材，調味，就可以避免暑熱帶來的困擾。

當令瓜果降心火，酸可收斂心氣

當季盛產時蔬果甘性寒，正是降心火、清熱解毒除煩。蔬菜類如：薐菜空心菜、紫茄、綠竹筍、莧菜和綠豆芽；瓜類如黃瓜、小黃瓜、冬瓜、絲瓜、瓠瓜（扁蒲）、苦瓜和櫛瓜；水果如西瓜、香瓜和哈密瓜等等。**夏季時吃一點酸的，不讓心氣消散太多，可開胃，又是天然的微生物抑制柵欄，一舉數得。**梅子、洛神、山楂、檸檬、百香果、自製鹽漬檸檬和醋也都是很好的酸味來源。

利濕之物有：薏仁、紅豆、茯苓、冬瓜、蓮子、荷葉、綠豆、嫩薑等。黃色和甘甜食物，如：甘藷、南瓜、紅棗；豆類，如黃豆，紅豆、綠豆、扁豆；山藥、馬鈴薯、花生、糯米、芋頭和香菇等。少量的甘甜食物，帶來味覺的平衡和飽足感，在調味時加點蜂蜜、椰糖、麥芽、砂糖、黑糖，更具畫龍點睛的效果。

夏季便當防腐又芳香的好方法！

藥王孫思邈說：「夏七十二日，省苦增辛，以養肺氣。」苦味入心，辛味入肺。夏天，心火已旺，苦味食物有清熱瀉火功用，但卻會讓心氣過於旺盛而抑制了肺氣，因此建議夏季可酌增一些辛味食物來養肺氣。

辛味食材

花椒、胡椒、辣椒、肉桂、孜然粉、薑黃粉、咖哩都屬辛味。但需視個人體質與每日狀況而適量、適時攝取，避免過於燥熱。紫蘇、九層塔（熱帶羅勒）、甜羅勒、蔥白、大蒜、韭菜、洋蔥、生薑、芹菜、芫荽、甜椒、芥菜則屬溫和的辛味蔬菜。

芳香化濕沁心脾

香氣入脾化溼，醒氣通竅，使人舒心愉悅。香草既屬辛味也能去溼，較為中性平和，適合大多數人食用。如九層塔（熱帶羅勒）、甜羅勒、紫蘇、迷迭香、檸檬香茅和薄荷等。香草也具防腐作用，可以延長食物的保鮮期，抑制微生物的產生。

夏天菜單設計與食材準備原則：

調味

調味原則，宜減少「苦」味和「鹹」味，增加「辛」和「酸」味。香草入菜為主，香料入菜為輔。

甜味入菜

自製的果乾、小菜和甜點可以增色點綴、增加食欲，並增添幸福感。

主菜

以清淡，不肥膩，容易消化的瘦肉、雞、魚和豆類為主。運用新鮮香草調香並酌添辛味和酸味。香草和酸辣調味的東南亞菜式非常合拍，可多使用。

配菜

蔬菜以當晨可快速完成的菜式為主。為避生冷，蔬菜水炒，或燙熟做成涼拌菜、溫沙拉；生的蔬菜會做成可保存較久的淺漬或油漬。
水果入菜，可以增色、調味。裝盒時用冰寶保持溫度。而蛋須全熟，並用香料浸漬；玉子燒的調味可稍甜鹹，增進防腐作用。

主食

未經調味和改變酸鹼值的白飯，易產生仙人掌菌。因此夏季主食我多會調味，如拌飯、炊飯或改變飯的酸鹼值做成醋飯等，再加上醃梅、紫蘇或芝麻鹽等，以延長保鮮時間。若想健脾利溼，建議加些薏仁、綠豆紅豆、糯米和蓮子等食材。

夏季小撇步：裝盒

全部食材放涼後，再進行裝盒。避免湯湯水水的醬汁。
可製作一些酸梅湯、綠豆湯、紅豆薏仁等湯品放置保鮮盒置冰箱結凍，與便當一起用保冷袋放一起，可幫助便當保鮮。或也可利用市售品冰寶或保冷劑降溫。

Monday

Tuesday

Wednesday

Thursday

Friday

主菜 香草Piccata 小里肌

原本的Piccata，是將拍薄的小牛肉片用奶油煎黃，加入檸檬醬汁的一道傳統義大利料理。不知怎地，流傳至日本的Piccata幾乎都是在肉片沾粉後，再裹覆一層加了起司粉的蛋液再下鍋煎。沾了蛋液，少了檸檬醬汁，雖與原來的Piccata已差距甚遠，但因為不帶湯汁，蛋皮又幫肉片保濕，放久了不會乾柴，很適合帶便當。

材料

豬小里肌肉片……一口大，拍成0.5cm厚，三至四片
容易取得的香草 適量（可選擇自己喜愛的香草，
如：羅勒、迷迭香；中式如蔥、香菜等）
全蛋……1 個
帕瑪森起司（可省略）
鹽……適量
橄欖油……適量 / 奶油……適量
現磨黑胡椒……適量 （因顏色好看，可加白胡椒）
低筋麵粉……少許
檸檬皮碎或番茄醬

作法

❶ 豬小里肌肉片用刀背或肉槌拍鬆，拍薄。

❷ 香草切碎，加一搓鹽和少許胡椒，混和，均勻塗抹在肉片上。

❸ 蛋打散，加鹽、胡椒粉、帕瑪森起司和剩下的香草碎。

❹ 肉片刷上薄薄一層麵粉，再裹上蛋液。

❺ 下熱油鍋，中大火煎，兩面煎黃，再沾蛋液，再兩面煎黃，如此重複兩三次，直到蛋液使用完。

❻ 再把肉排表面煎成微微焦黃。起鍋，綴以檸檬皮碎或番茄醬。

配菜 青醬煎櫛瓜

材料

櫛瓜……1/2 條
青醬……1大匙
油……適量
現磨黑胡椒……少許
羅勒……適量
鹽……適量

作法

❶ 櫛瓜切成約5mm厚度，撒上少許鹽，靜置10分鐘去除水分。

❷ 平底鍋加油，下櫛瓜片，兩面煎至金黃色。

❸ 下青醬，再酌加鹽和現磨黑胡椒調味。

❹ 熄火，再加入甜羅勒。（可用九層塔代替）

配菜 迷你卡布列茲

材料

小番茄……6個
羅勒葉……6片
水牛乳酪或奶油乳酪
（cream cheese）……適量
鹽……少許
黑胡椒……少許
橄欖油……少許

作法

❶ 小番茄洗淨，保留蒂頭。從蒂頭1/4處橫切，挖出囊和籽，成一小容器。倒扣瀝乾。

❷ 輕灑少許鹽，先放一片羅勒葉在番茄容器，再填進適量的起司，撒黑胡椒和滴幾滴橄欖油增香。

一點酸甜 地中海沙拉

豐富的食材，繽紛的色彩，多層次的口感，夏季夜晚沒有食欲時，配張pita餅，就是清爽的一餐。

材料

小黃瓜
甜菜根
番茄
紫洋葱
水煮鷹嘴豆（雞豆，雪蓮子）（Chickpeas）
菲達起司（Feta Cheese）
卡拉瑪塔橄欖（Kalamata Olive）
檸檬汁
奧勒岡碎葉（新鮮或乾燥都可以）
特級初榨橄欖油

作法

❶ 番茄去籽和囊，和其他蔬菜、起司全切成1立方公分丁。

❷ 鷹嘴豆泡發，蒸熟。買罐頭者請先用清水泡一下，去除鹽分。

❸ 擠檸檬汁，和油，香草碎調成沙拉醬汁，裝盒。

❹ 適量的蔬菜和起司丁也裝盒。用保冷劑冰鎮。

主食 鹽檸檬飯糰

詳見167頁

配菜 柚子味噌拌粉豆

材料

粉豆……6根
味噌……1/2大匙
糖……1小匙
柚子果醬……1 小匙
熟白芝麻

作法

❶ 粉豆洗淨,撕除老筋後用鹽水燙熟,冷開水沖涼。切成易入口小段。

❷ 拌入所有調味料和白芝麻。

配菜 和風高湯浸夏蔬 常備

材料

紫茄……1根
菜豆……2根
秋葵……3根
玉米筍……數根
彩椒……1個
嫩薑……2根

調味料
┌ 自製和風高湯……2杯
│ (見請173頁)
└ 紫蘇葉絲……少許

作法

❶ 紫茄切成約5mm的斜片狀,泡在鹽水中10分鐘。瀝乾後,拭乾水分。

❷ 嫩薑和玉米筍縱向對切,其餘蔬菜切成適口長度和大小。

❸ 油鍋燒熱油,茄子先下油鍋,炸得油亮,馬上起鍋,泡進沾麵醬,做個調味泡澡。

❹ 接下來讓油降溫些,依序將菜豆、秋葵、玉米筍、彩椒和嫩薑分批炸過,再一起浸泡到自製和風高湯中。

❺ 盛盤,可裝飾以紫蘇葉細絲添風味。

一點 酸甜 百香果南瓜 常備

材料

南瓜……1/10顆
鹽……適量

調味料
┌ 百香果醬或新鮮
│ 百香果……適量
│ 檸檬汁……2大匙
└ 蜂蜜……1 大匙

作法

❶ 南瓜表皮用水和軟刷刷乾淨。縱剖,挖出囊和籽。

❷ 用削皮刀在南瓜肉的其中一側,削出薄片。不須太薄。

❸ 南瓜薄片加適量鹽,拌勻,等待軟化出水。

❹ 用冷開水洗去鹽和泡泡和黏液,瀝乾備用。

❺ 乾淨已消毒的保鮮盒,調醃醬。

❻ 再將南瓜片放入拌勻,冷藏醃漬隔夜,即可食用。

**主菜 紫蘇梅
雞肉餅**

詳見109頁

**主食 綠豆
炊飯**

詳見167頁

主菜 香烤紅咖哩二層肉

材料

豬二層肉……1片
泰式紅咖哩醬……1大匙
新鮮香茅……2枝

調味料A
魚露……1大匙
椰糖……2小匙
檸檬汁……1/2小匙
酒……1小匙
水……60 cc

調味料B（上色料）
蜂蜜……1小匙
水……1大匙

作法

前夜準備：

❶ 椰糖加水，煮至融化成椰糖漿。

❷ 香茅切末，加入糖水，再加入其餘調味料，調成醃醬。

❸ 二層肉放入醃料中，置冰箱冷藏。

當晨料理：

❶ 烤箱預熱200度

❷ 豬排置烤箱烤約12分鐘，醃料加B，烤約8分鐘時，用刷子刷上醃料，避免肉過於乾並幫助肉排上色有亮澤。

❸ 最後再加烤2分鐘，只開上火，將豬排烤上色。（請視各家烤箱溫度，須留意勿使豬排過焦）

❹ 烤好時，靜置10分鐘左右，讓肉汁吸收，再逆紋切片。

> 如果沒有烤箱，或顧慮夏季電費高漲，也可以將醃好的肉片直接用橫紋煎鍋煎，另有一番風味。

配菜 香煎瓠瓜粄

材料

小瓠瓜……約1/8片120公克
蝦皮或櫻花蝦……10公克
紅蔥頭……3瓣
青蔥……1枝
低筋麵粉……30公克
山藥……50公克
料理油……適量

調味料A
┌ 鹽……1小匙
│ 魚露……1小匙
│ 椰糖……1/2小匙
└ 白胡椒粉……適量

作法

❶ 紅蔥頭切碎末，小火炒香，待涼備用。

❷ 瓠瓜去皮，切成細條狀，加鹽（分量外），抓醃，靜置10分鐘。

❸ 瓠瓜條擠壓出水分，瀝乾。

❹ 加入A，炒香紅蔥頭末、青蔥末、櫻花蝦和研磨山藥泥。調成麵糊。

❺ 熱油鍋，將麵糊煎成適當大小的圓餅，小火煎至兩面金黃。

配菜 鮮蝦 生春捲

詳見132頁

一點 酸甜 蜂蜜梅釀小番茄 常備

這是近年餐廳裡流行的開胃小品，做法非常簡易，功夫是在番茄底部劃十字，去皮，可以一次多做點，保證你一顆接一顆，停不下來。

材料

小番茄……30顆
（長3公分左右）
話梅……5顆

調味料
┌ 冰糖……2大匙
│ 蜂蜜……適量
│ 檸檬汁……適量
│ 冰開水……1000cc
└ 水……500 cc

作法

❶ 先煮醃梅汁，水加話梅和冰糖，熬煮5分鐘，放涼，加入蜂蜜和檸檬汁，請自行斟酌的調整酸甜度。

❷ 小番茄洗淨，尾端用刀輕劃小十字。

❸ 煮一鍋水，待沸騰，番茄放進去，10秒鐘即撈起，放入加了冰塊的冰開水，冰鎮至涼透。

❹ 番茄皮剝下，放進醃梅汁，裝進乾淨消毒過的罐子，並稍微搖晃一下，讓番茄均勻浸泡在醃梅醬汁中。

❺ 置冰箱冷藏12小時以上，即可食用。等過兩三天，更美味。

主食 番薯炊飯

Thursday

主菜 起司千層牛排

材料

牛火鍋肉片或燒肉片……6片
起司片……2片
紫蘇葉……2片
太白粉……適量

炸衣
| 麵粉……適量
| 雞蛋……1個
| 麵包粉

作法

❶ 牛肉片展開，一面塗薄薄的太白粉，上依序疊放起司→兩片紫蘇→起司。
　 須注意起司和紫蘇大小不得超過肉片，最好留有5mm~10mm的留邊。

❷ 取另一片肉，方向和1的肉片呈左右對稱，塗薄薄的太白粉，再覆蓋在1
　 上，使形狀密合，並用指緣將兩片肉接口留邊處壓緊。

❸ 餘4片肉片，重複❷的步驟，堆疊黏合成為有厚度的牛排。

❹ 再依序沾麵粉→蛋液→麵包粉。

❺ 熱鍋，下油，兩面煎至金黃酥脆即可。

配菜 香煎腐皮拌白莧佐松子

材料

莧菜……1把
腐皮……1片
蔥……1枝
蒜頭……1瓣
雞高湯……50cc
（清水也可以）
烤香松子……適量
料理油……適量

作法

❶ 腐皮用油鍋兩面煎香，撒上白胡椒和鹽調味，切成2公分見方塊。

❷ 莧菜洗淨，摘除老葉及梗，瀝乾切段。

❸ 松子用烤箱或平底鍋，烘烤至金黃。

❹ 起油鍋，加入蔥段，小火燒出蔥味，撈除蔥。

❺ 加入蒜片，爆香，下莧菜，翻炒。

❻ 加入鹽和高湯，滾開後1分鐘，起鍋。

❼ 瀝去多餘湯汁，拌入腐皮，再撒松子即可。

配菜 油燜綠竹筍 常備

材料

綠竹筍……1枝
嫩薑絲……少許

調味料A
┌ 醬油……1大匙
│ 酒……1/2大匙
│ 糖……1/4小匙
└ 水……100cc

作法

❶ 竹筍洗淨剝去硬殼，修去老舊纖維部分，先從筍尖縱切成一半，再切成稍厚片狀。

❷ 鍋中熱油，下竹筍片煎至兩面稍微焦香。

❸ 餘油倒出，下薑絲，再下綠竹筍、醬油、酒和糖，拌炒均勻。

❹ 再加入100cc的水，用中大火煮滾。

❺ 蓋上鍋蓋，小火煮5分鐘，中途可開蓋翻拌一下。

❻ 轉中大火，收乾醬汁。

 ### 主食 手麴飯糰

詳見167頁

一點酸甜 梅醋漬彩椒 常備

材料

紅椒黃椒或橘椒……各1/2個

醃料A
┌ 梅醋……1/2杯
│ 檸檬汁……1大匙
│ 糖……1小匙
│ 蜂蜜……1大匙
│ 鹽……少許
└ 黑胡椒……少許

作法

❶ 彩椒洗淨，去籽和囊，縱切成3~4片。

❷ 用溝紋鑄鐵鍋炙燒至表皮起泡，出現焦色。

❸ 將皮撕除。

❹ 取一乾淨玻璃罐，用熱開水燙過，拭乾，放入彩椒和A即可。

❺ 醃2小時後即可享用。

❻ 置冰箱冷藏約可保存1週。

Friday

主菜 Jalfrezi風咖哩炒雞肉

Jalfrezi 是一種用印度鐵鍋（Karahi）快炒的變化形咖哩料理。據說源於四川和西藏，是中印或巴基斯坦混血料理，在北印直接叫做Karahi。有點類似台灣的三杯雞，快炒後再稍微燜煮，不須長時間燉煮，也常用來配啤酒。在英國的印度和尼泊爾餐廳，Jalfrezi已成為最受歡迎的菜色。

材料

雞胸肉…… 1片	醃雞肉料A	咖哩香料B	
（去不去皮皆可）	┌ 小茴香粉……1/2小匙	┌ 丁香……2顆	┌ 小茴香粉……1/2大匙
甜椒……1/2顆	│ 薑黃粉……1/2小匙	│ 小豆蔻……2顆	│ （孜然，Ground Cumin seeds）
洋蔥……1/2顆	│ 薑汁……1小匙	│ 薑黃粉……1/2小匙	│ 印度綜合香料粉……1/2大匙
大蒜……1瓣	└ 原味優格……1大匙	│ 紅辣椒粉……1/2小匙	│ （Marsala）
薑……1小塊		└ （嗜辣者可酌量增多）	│ 芫荽粉……1大匙
牛番茄……2~3顆			└ （胡荽籽粉，Coriander seeds）
香菜……適量			
鹽……適量	#### 作法		
油……適量			
檸檬……適量			

作法

❶ 雞肉切成約一口大小，用A抹勻，置冰箱醃2小時以上。

❷ 番茄切塊，用調理機打成泥。彩椒、洋蔥切丁，薑切末，香菜切末。

❸ 熱油鍋，中小火炒香洋蔥，加入大蒜、薑炒香，再加丁香和小豆蔻，直到香味撲鼻。

❹ 下雞肉一起拌炒，表面變色斷生後，加入薑黃粉與紅辣椒粉，再拌炒均勻。

❺ 加入番茄泥，翻拌均勻，轉中火，蓋鍋蓋燜煮10分鐘。再加入彩椒拌炒到水分收乾。

❻ 最後加入印度綜合香料粉與芫荽子粉，拌炒均勻，撒上檸檬汁與香菜即可上桌。

配菜 **嫩薑鳳梨炒黑木耳** 常備

傳統的古早味，卻有著時髦的好滋味，放涼了也好吃。是夏天食
欲不振、心火中燒時的滋陰開胃小品。

材料

鳳梨……1/6個
新鮮黑木耳……3 朵
嫩薑絲……適量

調味料

鹽……1/2小匙
醬油……1 大匙
醋……1 小匙（可視
鳳梨的酸甜度加糖）

作法

❶ 鳳梨去芯，切成條形，木耳切絲。
❷ 熱油鍋，下鳳梨，加鹽，炒至軟化出水。
❸ 加入薑絲，炒出香味。
❹ 再加入木耳，翻炒均勻，續加入醬油拌炒。
❺ 最後淋上鍋邊醋，翻炒均勻即可。

配菜 **花生醬拌雙豆**

材料

菜豆……100公克
綠豆芽……100公克

裝飾用料B

油蔥酥
硬花生碎粒

調味料A

顆粒花生醬……1 大匙
薑末（南薑）……1小匙
蒜末……1/2小匙（可省略）
辣椒末……1/2小匙（不嗜辣者可省略）
椰糖……2小匙（可用蜂蜜代替）
魚露……2 小匙
鹽……適量
黑胡椒……適量

作法

❶ 菜豆洗淨，挑除筋，切成
  3公分段，燙熟。綠豆芽
  洗淨，掐去鬚根，燙熟。
❷ 將A拌成調味花生醬。
❸ 將菜豆和調味醬混和。
❹ 裝飾以B即可。

主食 **香茅飯**

詳見162頁

一點
酸甜 **葡萄乾紫芋茶巾** 常備

材料

紫山藥或紫番薯……100公克
葡萄乾……1大匙

調味料

紅糖……適量
鹽……適量
奶油或椰子油……1/2小匙

作法

❶ 紫番薯去皮，切小塊，蒸熟。
❷ 拌入葡萄乾和調味料混和均勻，
  搓成圓球即可。

秋季便當
提案

溫補潤燥少辛鹹

秋氣通肺，秋氣和肺臟及互為表裡的大腸，以及消化系統同屬於「五行」中的「金」。因此，受秋氣乾燥的影響，我們容易出現口乾舌燥、大便乾結和皮膚乾裂等症狀。**因此秋天食養首重「滋陰潤燥」，加強體內水分的調節。建議可以多食動物性蛋白質**如：蛋、蝦、鴨肉、蛤蠣和干貝等；以及秋季當令的水果如蘋果、梨、柚子、葡萄、柿子、柑橘等，來滋潤五臟六腑。

蘆筍、胡蘿蔔和蜂蜜都歸經於肺，荸薺可緩陰虛肺燥。蘆筍和荸薺同為抗癌食物，蘆筍中的天門冬醯胺酸，則能參與體內氮的代謝，幫助消除疲勞，給我們在外打拚的家人體力。

白色食物潤肺，如山藥、梨子、百合、白芝麻、白蘿蔔、南北杏、白木耳、蓮藕、蓮子都是白色食物。但白色食物大多較涼，有過敏體質者須擇選較為溫補、補氣的食物，如魚肉、豆漿、百合、杏仁、菱角等。

另一個秋季飲食重點也在於「利濕」「調理脾胃」。利水的綠豆、扁豆、薏仁、荷葉等食物，可讓體內濕熱排出。鴨肉性甘冷，所以很適合除身體殘留的暑熱和漸漸增強的秋燥。同時多食用瘦肉、蛋類、山藥、紅棗、蓮藕、栗子、南瓜等促進脾胃功能的恢復。雞肉與蛋益脾健脾。栗子是當季好物，可補脾健胃、補腎強筋、活血止血，是乾果之王。

如果夏季過於貪涼，可能造成秋天時脾胃功能下降，適度避免生冷瓜

果，以防「秋瓜壞肚」，引發腹瀉、下痢等急慢性胃腸道疾病。

孫思邈說：「秋七十二日省辛增酸以養肝氣。」酸味能收斂肺氣，辛味則發散瀉肺。秋天之時，宜收不宜散，調味上的大原則宜遵守「少辛增酸」，熱性的辛香料如蔥薑蒜、麻辣鍋、燒烤都需忌口。

菜單設計與食材準備原則

調味

調味原則宜減少「辛」味和「鹹」味，增加「酸」和「甜」味，以防肺氣發散，補養肝氣，固守腎氣和脾氣。

主菜

以容易消化的瘦肉、雞、魚和鴨肉為主。

季節性的滋陰養肺食材作為輔助或調味：如蜂蜜、芝麻、柚子等等，既充滿季節風味又富食養意義。

配菜

減少辛辣食材：薑、蒜、韭、辣椒、蔥等。

滋陰潤燥：百合、黑白木耳、荸薺、山藥、蓮藕、菇類、秋葵、枸杞、黑芝麻、蜂蜜、麥芽糖、甘蔗、梨等。

水果入菜：蘋果、葡萄、石榴、楊桃、檸檬、柚子、山楂、洛神花和梅子等，以及前提之白色食物。

一點酸甜

自製的果乾、小菜和甜點可以增色並增加食欲。

主食

以炊飯和拌飯加入當令食材展現季節感，如栗子飯、野菇炊飯、牛蒡炊飯等等。增添食養食材，如蓮子、百合等。

Monday

Tuesday

Wednesday

Thursday

Friday

主菜 糖醋彩蔬千層肉捲

不知大家是否和極光一樣，買了一盒冷凍梅花豬涮涮肉片，肉片因結凍黏在一起，須整盒退冰，一餐卻吃不完？若擔心肉片再回冰無法保鮮，可以捲成肉捲，加點酒，入電鍋蒸，製成熟食，冷藏或冷凍保存，須使用時再退冰烹調。肉捲因由帶有油花的梅花薄肉片組成，口感軟嫩，牙口不好的人也便於食用。

材料

肉捲……6捲
秋葵……4根
彩椒各色…… 各1/3個
嫩薑絲……適量

調味料 A
- 醬油……2大匙
- 五印醋……2大匙
- 酒……1大匙
- 水……3大匙
- 砂糖……1又1/2大匙
- 白胡椒粉……適量
- 香油……少許

作法

❶ 彩椒切成條狀，秋葵一分三，切成斜切片。

❷ 起油鍋，爆香薑絲，下肉捲，表面煎上色。

❸ 加入A調味料（除香油之外），滾開，關小火，續煮3分鐘，並滾動肉捲，使其入味。

❹ 轉中大火，加入蔬菜快炒，秋葵可產生自然芡汁，若芡汁不夠，可再調點太白粉水芶薄芡。

❺ 起鍋前滴鍋邊醋，點香油，裝飾以香菜末。

配菜 蘆筍海苔捲

材料

蘆筍……1/2 把
燒海苔或韓式海苔

調味料

高湯醬油…… 1/2 小匙
黑芝麻鹽……適量
炒香白芝麻

作法

❶ 蘆筍洗淨，切除老莖，根部以上約1/5處削皮。

❷ 燒一鍋水，加少許鹽，下蘆筍汆燙1分鐘，起鍋泡冷開水。瀝乾，將高湯醬油和黑芝麻鹽，均勻撒在蘆筍上。

❸ 取一張海苔對切，放在壽司簾的下方。

❹ 將4根蘆筍放在海苔上，堆疊成柱（視粗細，調整數量），均勻灑上白芝麻，如捲海苔壽司般捲起。

❺ 捲緊，海苔遇溼，即可黏住不散。再切成合口大小，約4公分段，撒白芝麻裝飾。

配菜 高湯南瓜煮 常備

材料

南瓜小型……約1/4個
毛豆仁……適量

調味料

自製高湯醬油……4大匙（請依南瓜量多寡斟酌）
糖……1小匙

作法

❶ 南瓜洗淨，去籽。切成適口大小，銳角部分修圓，皮面可稍微削除一些。

❷ 所有調味料入主鍋，下南瓜，注意水剛好可淹過料，加落蓋。（以烘焙紙剪成剛好可以放進鍋中的圓形，中間剪一個小洞）

❸ 大火煮滾轉中火煮8分鐘至筷子可插透的程度。加入煮熟的毛豆，再轉大火滾開，熄火，放涼。置冰箱冷藏。

一點酸甜 紫蘇醃梅漬藕片 常備

主食 野菇炊飯

詳見163頁

材料

蓮藕1截約10~12公分，新藕最好
紅紫蘇葉……10片
醃梅（台式紫蘇梅或日式醃梅都可以）……1顆

調味料A

醋……2大匙（1匙事先醃紫蘇葉，1匙正式醃藕片）

蜂蜜…… 2大匙
鹽（多數醃梅已很鹹，請視整體味道自行斟酌調整）

作法

蓮藕的準備

❶ 蓮藕（不去皮也可），切成約0.3公分的薄片，若刀工好，可以再薄一點。

❷ 泡冷水15分鐘，去除澱粉質。可換水。

❸ 燒一鍋水，蓮藕片汆燙1分鐘，起鍋馬上泡冰水。

紫蘇葉的準備

❶ 紅紫蘇葉洗淨，用1撮鹽醃出水。

❷ 輕壓出水分，切細絲，再加入1大匙醋，醃出色。（最好醃一個晚上以上）

正式醃漬

將藕片，紫蘇葉和醃汁，梅子切碎和調味料拌勻，放入乾淨保鮮容器，入冰箱冷藏，靜置一晚待入味。中間可以稍微翻動，讓藕片均勻吃到顏色。

Tuesday

配菜 芝麻高湯菠菜

材料

菠菜……1把
熟白芝麻……適量

調味料
┌ 鹽……少許
└ 高湯醬油……2大匙

作法

❶ 菠菜洗淨，整株汆燙後馬上泡冷水，擠乾水分，用高湯醬油調味浸泡20分鐘，擠乾。

❷ 裝飾以熟白芝麻即可。

配菜 芝麻蛋黃醬拌牛蒡 常備

材料

牛蒡……1/2枝
柴魚拌飯香鬆……1小匙
（見157頁）

調味料A
┌ 白芝麻……1大匙
│ 醬油……1小匙
│ 糖……2小匙
└ 自製蛋黃醬……2小匙
　（見170頁）

作法

❶ 牛蒡用刀背刮除表皮，切成4公分段，依照直徑粗細，決定縱切成4等分還是6等分。浸泡冷水10分鐘。

❷ 煮鍋中加水和牛蒡，中大火煮滾，轉中小火煮至牛蒡熟透，需時約20分鐘。

❸ A放入研磨鉢中，磨成醬。

❹ 牛蒡瀝乾，加入芝麻蛋黃醬拌勻，再裝飾以柴魚拌飯香鬆，也可以使用炒香芝麻粒代替。

一點酸甜 桂花江米藕

煮藕材料

蓮藕1截，約15~20公分
圓糯米……1/2杯
冰糖……2大匙
桂圓肉……5粒

淋醬A
┌ 煮藕水……1/2杯
│ 冰糖……1大匙
│ 桂花釀……1大匙
└ 蜂蜜……2小匙

作法

❶ 取一截蓮藕，需保留兩端藕節。在較小的一端藕節處，橫切下一小塊做為蓋子。

❷ 糯米泡水2小時，瀝乾。

❸ 將藕直立，利用筷子，慢慢將糯米灌進藕洞，期間將藕輕輕震動，讓米粒順利滑落。

❹ 約八分滿，將切下的蓋子蓋回原處，以牙籤固定。

❺ 先用清水煮藕，滾開，小火煮1小時，加糖和桂圓肉，再煮30分鐘，熄火，續浸於糖水中，可放冰箱冷藏一夜更佳。

❻ 加熱淋醬A中的水、糖，滾開後加入桂花釀和蜂蜜，熄火待涼。食用前切成薄片，淋上醬汁。

主菜 百花鑲鮮菇
詳見119頁

主食 栗子炊飯
詳見163頁

Wednesday

主菜 櫻桃鴨胸佐焦糖蜜梨

鴨肉性寒，味甘鹹，清熱健脾，可補虛勞。鴨胸的油脂都藏在皮面，鍋煎釋出後，只剩金黃香酥的皮。以蜜梨代替傳統的法式香橙，重新賦予鴨胸更上一層樓的節氣食養意義。現在櫻桃鴨胸的冷凍太空包已非常普及，推薦大家試試看！

材料

真空包櫻桃鴨胸……1付
鹽……適量
黑胡椒……適量
紅酒……1大匙

焦糖蜜梨
> 砂糖……50公克
> 梨子……1/2顆（各式水梨
> 都行，西洋梨也可以）
> 奶油……15公克
> 檸檬汁……1小匙
> 鹽……1小撮

作法

櫻桃鴨胸

❶ 鴨胸皮面畫斜刀菱形紋。

❷ 兩面輕抹酒、鹽和黑胡椒，置室溫醃15分鐘。

❸ 燒熱溝紋鐵鍋，鴨胸皮面先下鍋煎，轉小火，煎至皮面金黃焦香，倒出多餘的鴨油，再翻面煎4分鐘。

❹ 起鍋，靜置，讓肉汁吸收涵養，備用。

焦糖蜜梨

❶ 梨去皮，切成厚度約1公分的楔形薄片。

❷ 糖放鍋中，加熱讓糖融化，繼續加熱至焦糖化色，倒入❶翻炒至梨吸收焦糖上色。

❸ 再加入奶油、檸檬汁和鹽，翻炒均勻即可。

配菜 ## 枸杞蘆筍炒山藥

材料

蘆筍……1/2把
山藥……1小段
浸泡米酒的枸杞子……1小匙
油……適量

調味料

薑絲……適量
鹽……適量
醬油……適量

作法

❶ 蘆筍底部較老部分切除，底部約1/5處削皮。切成4公分小段。

❷ 山藥去皮，也切成和蘆筍同粗細的4公分段。

❸ 熱油鍋炒香薑絲，下蘆筍、山藥和滾水（如需再蒸過，可以炒成七分熟），最後調味和拌炒入枸杞籽。

配菜 ## 彩蔬柳橙漬 常備

材料

白花椰……1/2株
櫛瓜……1根
西洋芹……1根
胡蘿蔔……半根
小番茄……10顆
大蒜……1瓣
白酒……100ml
百里香／月桂葉
柳橙……1個
檸檬汁……2大匙
鹽
研磨胡椒
冷壓初榨橄欖油

作法

❶ 蔬菜洗淨瀝乾，白花椰去老梗和皮，分成小株；櫛瓜和胡蘿蔔縱切成六～八等分，再切成4公分段。西洋芹去除表面粗纖維，也切成4公分段。

❷ 柳橙一半取肉，一半榨汁。

❸ 熱油鍋，1小匙橄欖油，下❶的蔬菜，大蒜，中火翻炒，再調味以鹽和胡椒。

❹ 加入百里香、月桂葉，翻炒至香味溢出，續倒入白酒，轉小火，煮10分鐘。

❺ 熄火，待涼。加入檸檬汁、小番茄、柳橙汁和柳橙果肉。

❻ 可酌添橄欖油增香氣。置冰箱冷藏。

主食 ## 百合
蓮子飯

**一點
酸甜** ## 茉莉蜜芋艿 常備

材料

芋艿……300公克
茉莉糖（可用桂花釀）……1大匙
冰糖……1大匙
米酒……1大匙

作法

❶ 芋艿洗淨泥，放電鍋，外鍋注入1杯水蒸，電鍋跳起，燜10分鐘，待涼，剝皮。

❷ 再取一乾淨料理盆，放入芋艿、桂花釀、冰糖和米酒，輕輕拌勻，再在外鍋注入2杯水蒸。

❸ 電鍋跳起，將芋艿翻面，燜10分鐘。用竹籤穿刺，測試是否已熟透。

❹ 再點上分量外的花糖，增添香氣。

主菜 栗子貴妃燒雞

貴妃雞翼在京菜和上海菜都有出現，傳統作法會去除雞骨，
唯家常菜作法可以簡易為原則即可。有筍子時可加綠竹筍或
冬筍，秋天時加上當令的栗子也非常對味。

材料

雞翅中段……6支
乾香菇……10朵
新鮮栗子……12顆
蔥……3支
薑……2片
紅辣椒……1條

醃雞料A
  醬油……1大匙
  酒……1小匙

調味料B
  醬油……3大匙
  紹興酒……1大匙
  冰糖……1小匙
  白胡椒粉……適量

作法

❶ 雞翅用A醃20分鐘。

❷ 乾香菇泡發，切成適口大小。蔥切段，分為蔥白和
蔥綠。薑切末、辣椒切段。

❸ 熱油鍋，將雞翅兩面煎金黃。

❹ 原鍋再加點油，爆香薑末、蔥白和辣椒，加入香
菇，炒出香味。

❺ 加入B，滾起，加入栗子、雞翅，加水淹過雞翅，轉
大火煮滾5分鐘再轉小火，續燒約15~20分鐘。

配菜 小松菜豆皮捲

材料（4捲）

炸豆皮……2片（包稻禾壽司用）

小松菜……1小把（可用菠菜代替）

枸杞、芹菜梗和香菜葉適量

豆皮調味料A
- 高湯醬油……2大匙
- 水……100ml

小松菜調味料B
- 鹽……適量
- 白芝麻……適量

作法

❶ 枸杞用一點米酒泡開。

❷ 豆皮用桿麵棍桿一桿，用熱水汆燙掉多餘油分。用剪刀或刀子，將豆皮片開成四片。

❸ 用豆皮調味料滷煮約5分鐘，起鍋擠壓去水分，備用。

❹ 準備一鍋水，煮滾，芹菜梗燙軟，枸杞也過一下水。同鍋水加鹽，洗淨的小松菜整株川燙，起鍋，浸泡冷水。

❺ 小松菜擠壓去水分，切成與豆皮長度相合的段，用B調味。

❻ 小松菜分四等分，一張豆皮捲一份小松菜。

❼ 表面裝飾香菜葉，用芹菜梗繫以蝴蝶結，再以枸杞裝飾，即完成。

配菜 陳紹鵪鶉蛋 `常備`

材料

鵪鶉蛋……10顆

醃蛋調味料A
- 醬油……2大匙
- 蜂蜜……1/2大匙
- 八角……1個
- 月桂葉……1片
- 陳年紹興酒……2大匙

作法

❶ A煮滾後放涼備用。

❷ 燒一鍋水，水滾放鵪鶉蛋，煮約5分鐘，撈起，置冷水中待涼，剝殼。

❸ 取一保鮮盒，用熱水消毒乾淨，放入❶和❷，置冰箱冷藏至少一晚。途中可以幫蛋翻面，使蛋均勻浸泡在醃料中。

一點酸甜 玫瑰洛神漬山藥 `常備`

材料

新鮮山藥1小段約10公分

醃漬調味料A
- 檸檬汁……1小匙
- 玫瑰洛神果醬……1大匙
- 鹽……1小匙

作法

❶ 山藥削皮，切成0.5公分厚度圓片狀，喜歡美觀者，可用波浪刀切成波浪狀，再對切。（須戴上手套操作，以免山藥黏液刺激皮膚產生搔癢過敏症狀）

❷ 煮一鍋水，放入山藥汆燙1分鐘。

❸ 起鍋，用冷開水沖涼。

❹ 將A放入料理盆，拌勻，再加入❸。放冰箱靜置冷藏一晚即可食用。

 主食 柴魚拌飯香鬆+白飯

詳見157頁

主菜 梅子蒲燒虱目魚

貴森森的鰻魚，已經是遙不可及了，我選擇在地養殖最多，且吃素的虱目魚來製作，永續又安心。想保留煎魚香，又想保持魚肉的嫩度，我先捨棄會讓肉變硬的味醂，接下來只煎魚皮面，保留魚肚的豐美脂肪，再用添加醃梅的照燒醬汁，燒出了軟嫩、不膩口和充滿夏季風情的虱目魚肚。

這道虱目魚也推薦做為晚餐的主菜，配一點紫蘇葉及蘿蔔泥，兩碟配菜，一碗白飯，一碗味噌湯，即是可口的一餐。

材料

無刺虱目魚肚…… 1付

醃魚料A
- 鹽…… 少許
- 料酒…… 1大匙
- 薑汁…… 1小匙
- 麵粉…… 1大匙

蒲燒調味料B
- 醃梅肉…… 1顆 （鹽份10%）
- 薑末…… 1/2小匙
- 醬油…… 1大匙
- 料酒…… 1大匙
- 水…… 2大匙
- 蜂蜜或糖…… 1大匙
- 裝飾用紫蘇…… 少許

作法

❶ 虱目魚洗淨拭乾，兩面抹上酒和鹽、薑汁，靜置10分鐘。

❷ 拭乾，雙面均勻塗上薄薄一層麵粉。

❸ 熱油鍋，先下皮面略煎焦黃，此時暫不翻面，加入B，中大火煮滾，轉小火滷煮。

❹ 途中可舀起醬汁淋在皮面上。

❺ 燒至醬汁濃稠收汁，即可。

❻ 食用前飾以紫蘇葉切絲，有白蘿蔔泥更佳。

配菜 自研芝麻醬拌四季豆

材料

四季豆……1把 約100公克（菠菜、小松菜或青江菜皆可）

調味料A
┌ 炒香黑芝麻 ……1大匙
└ 高湯醬油…… 1大匙

作法

❶ 四季豆洗淨，撕去老筋，切成4公分長的斜切段，入滾開的薄鹽水，汆燙2分鐘，過冷水漂涼，瀝乾。

❷ A用研缽研磨成醬。

❶+❷同放一盆中，輕輕混拌均勻即可。

配菜 彩蔬蛋捲

材料

蛋……2個
胡蘿蔔……30克
或者可使用金平味噌
胡蘿蔔（詳見43頁）
花椰菜苗切碎或燙熟
的菠菜……少許
牛奶…… 1大匙
糖……1/2小匙
醬油…… 1/2小匙

作法

❶ 熱油鍋，炒胡蘿蔔末，酌添少許鹽和糖調味，起鍋後待涼備用．

❷ 將所有材料放入料理盆中，用筷子打散，可保留一點蛋白不全部打散，讓蛋捲黃中帶點白色，更生動漂亮。

❸ 煎蛋鍋抹上薄薄的一層油，用中弱火燒熱，倒入1/3的❷混和蛋液。為讓蛋液均勻鋪陳，可上下左右傾斜，讓蛋液流動。

❹ 蛋皮受熱起泡，用筷子輕輕戳破。待蛋皮凝結，從鍋子一邊用筷子捲蛋，捲到另一邊。

❺ 露出的鍋面，再抹上油，再倒入剩下的1/2蛋液。注意，要把已煎好的蛋捲用筷子夾起，讓蛋液均勻分布在其下方。

❻ 如此重複❸、❹、❺、❻的步驟，把蛋液煎完。

❼ 煎好的蛋捲，可用壽司竹簾捲起整形。

一點 南瓜蜜百合 常備
酸甜

材料

小型南瓜…… 1/4個
鮮百合…… 1/2顆

調味料
┌ 冰糖…… 1大匙

作法

❶ 南瓜洗淨，削皮，去籽，切1公分厚片狀，再切成4等分。

❷ 煮鍋中放南瓜、冰糖，加水淹過南瓜，加蓋。

❸ 大火煮滾，轉中小火煮5分鐘，至筷子可以插透瓜肉的程度。

❹ 新鮮百合洗淨，修去邊緣黃褐色部分，另鍋煮水，下鍋汆燙，至成半透明狀。

❺ 將百合加入❸之中，再開火煮滾，小火煮2分鐘即可熄火。待涼，放冰箱冷藏。

主食 毛豆
拌飯

冬季便當
提案

微苦省鹹黑養腎

冬季時，受寒冷氣溫的影響，人體的生理功能、代謝和食欲也發生變化，可以利用食物的調養，平衡體內的陰陽，調和臟腑，讓我們的身體安然度過寒冬。

冬季食養，首在養腎。寒冷的天氣中需要溫腎以提高抵抗風寒的能力。所以多選擇性溫、具滋補作用的食物來增加體熱。例如：

‧蔬菜類：花椰菜、高麗菜、油菜、茼蒿、辣椒、大頭菜、香菜、生薑、豌豆、秋葵、芋頭、南瓜、馬鈴薯、甘薯、各種豆類。

‧果品類：桂圓、紅棗、核桃、栗子、松子等。

‧黑色的食物入腎：如黑米、黑豆、黑芝麻、黑棗、黑木耳等，多吃這類食物也有補腎作用。

因天冷而減少戶外活動，飲食所含熱量卻偏高，體內容易積熱。十字花科蔬菜，以及當令深綠色蔬菜，冬筍、蘿蔔、梨和蘋果等，正好可以消除虛火，讓我們在大快朵頤高熱量食物之餘，也平衡身體的陰陽。

孫思邈：「冬七十二日，省鹹增苦以養心氣」。因此需「少食鹹，多食苦」，讓苦來助心陽，讓我們可以保持溫暖，補心助肺，調理腎臟。如：芥菜、芥藍、油菜花等都是味苦的時蔬。

菜單設計與食材準備原則

多數台灣人覺得一熱抵三鮮，因此冬季便當的設計，從「復熱或保溫也很好吃的概念」出發，利用當令時蔬設計出涵蓋中式、和式、西式五個便當組合，皆是一道燉煮主菜＋一道耐蒸煮常備菜＋一道現做配菜＋再加上一點酸甜收尾。這樣的料理，只要再煮個熱湯，就是一頓完整的晚餐。第二天早晨只要做一道現作配菜，帶便當不再是苦差事。

冬天的暖心料理，主菜採用濃厚調味和溫熱食材，而為了力求營養均衡，並避免過於燥熱，兩道配菜皆為蔬食料理，且表現季節感和食養概念。

調味：少鹹增苦＋一點酸甜

冬季雖說需「省鹹增苦」，然苦味在調味上並不好表現，只能利用天然蔬菜的苦味增添在食材裡，如芥菜、芥藍和油菜花等等。

主菜：晚餐的延伸＋放久更好吃的燉煮料理

冬季的便當主菜，我喜歡用放久或再燉過更美味的燉滷煮料理。通常是前一晚的晚餐主菜，或幾天前的主餐。這樣的菜式，再蒸過也不變味，或放在保溫便當盒裡，持續溫熱著依舊好吃。因為溫熱著吃，所以動物性脂肪也可使用。

選擇較溫熱的食材，如羊、牛、雞和豬等。

配菜

事先備好耐蒸耐燜的常備菜式，如燉菜，白菜滷等。

早晨再做水炒或汆燙蔬菜，如果須再蒸者，煮至七分熟即可。
涼拌菜或綠色蔬菜另盒攜帶，以保鮮脆美味。

主食

季節蔬菜炊飯或燉飯，如糯米、高粱、玉米、燕麥。

燉煮主菜 ＋ 燉煮配菜 ＋ 綠色配菜 ＋ 一點酸甜 ＋ 炊飯燉飯 ＝ 冬季便當

常備　常備　現做料理　常備　常備

Monday

Tuesday

Wednesday

Thursday

Friday

紅酒燉豬臉頰肉是隆冬靜夜裡，把家人聚攏在一起的暖心料理。看來厲害，工序繁複，實則簡單無須巧手廚藝。前一晚放在烤箱低溫（150度）慢燉，一夜好眠之後，就有一鍋美味的主菜可享用。

<主菜> 紅酒燉豬臉頰肉

材料

豬臉頰肉……2副
熬湯料（胡蘿蔔、洋蔥、西
洋芹切大滾刀塊）200公克
紅酒……300cc
胡椒粒……1/2小匙

月桂葉……2片
奶油……10公克
紅蔥頭……3瓣切碎
新鮮香草束或鼠尾
草或迷迭香皆可

蒜頭……1瓣
蘑菇……8個
成熟牛番茄……1個
茶色高湯……100 cc

作法

❶ 豬臉頰肉、熬湯料、胡椒粒、月桂葉和紅酒，放在一個大盆中，置冰箱冷藏，浸泡一晚。

❷ 將豬臉頰肉、熬湯料撈出，瀝乾備用。豬臉頰肉拭乾，撒上鹽，研磨黑胡椒，薄薄拍上一層薄麵粉。

❸ 鑄鐵鍋加熱，加入1小匙奶油、煎香大蒜瓣，續煎豬臉頰肉，兩面煎至金黃焦香，取出備用。

❹ 原鍋加入熬湯料和紅蔥頭，小火拌炒至洋蔥變透明。

❺ 盛起蓋在豬臉頰肉上。再倒入紅酒，邊熬煮邊用矽膠刮刀刮起鍋底精華。熬煮至1/2量。

❻ 加入❺、茶色高湯、番茄，湯汁高度須高過豬臉頰肉，如不夠再補足高湯。中火煮滾後，加蓋。放入預熱150度的烤箱烤2.5小時。

❼ 取出肉，過濾醬汁，醬汁用鹽和胡椒調味再熬煮一下。再加入肉和蘑菇，煮滾，靜置隔夜再享用。

<配菜> 白花椰炒粉豆

材料

白花椰……100公克
醃豆（粉豆）……約6根
大蒜……1瓣
熱開水……50ml
鹽
黑胡椒

作法

❶ 白花椰洗淨，切成小株，醃豆挑去老筋，切成5公分段。

❷ 炒鍋倒入橄欖油，小火炒香大蒜，下白花椰和醃豆，拌炒均勻。

❸ 加入熱開水，蓋蓋子燜煮3分鐘。中途可再拌炒一下，讓菜受熱均勻。調味後上桌。

<配菜> 普羅旺斯
燉菜

詳見126頁

<一點酸甜> 蜜黑豆

材料

青仁黑豆……150公克（這樣的分量剛好可以裝進無印良品的密閉式琺瑯保存盒中）

調味料A
┌ 糖……2大匙
│ 麥芽糖……1大匙
└ 醬油……1大匙

作法

❶ 黑豆洗淨，浸泡隔夜。

❷ 加水略淹過黑豆，放大同電鍋，外鍋3杯水蒸，跳起，再添3杯水蒸，燜10分鐘。

❸ 移到鑄鐵鍋（可煮出黝黑的色澤），加入調味料A，煮開，轉小火，蓋鍋蓋煮10分鐘，熄火，燜20分鐘。

<主食> 紅藜飯

Tuesday

主菜 **銀蘿雞翼**

俗諺說「冬吃蘿蔔夏吃薑，不勞醫生開藥方」。冬天裡如果
多吃了辣和溫熱的食物，可以吃點白蘿蔔，幫忙把滯留在體
內的熱氣散發出去。蘿蔔可以潤肺，通心氣，順肝氣，是行
氣的好東西，吃點蘿蔔，可清一清體內的壅滯之熱，也行
氣。惟性寒，如本身怕寒涼的人可以在加薑之外，再添些胡
椒粒或花椒粒同燒，以增香味並解其寒性。

材料

棒棒腿和雞翅中段……8隻
小型日本白蘿蔔……一條
薑片……2片
花椒粒或胡椒粒……5粒

調味料A
　醬油……3大匙
　料酒……2大匙
　味醂……1大匙
　糖……1/2小匙

浸泡隔夜的銀蘿
雞翼會更入味。

作法

❶ 雞翼先用少許料酒和醬油（分量外）醃10分鐘，
　熱油鍋兩面煎上色。

❷ 蘿蔔切成約一點五公分厚片狀，再將角度修掉，
　修成圓扁形。

❹ 鍋中放白蘿蔔，加入調味料A和剛好可蓋住蘿蔔
　的水，中大火煮滾小火燉15分鐘，再下雞翼落蓋
　同燒15分鐘。

配菜 **五香醬漬蛋** 常備

材料

雞蛋……4顆

醃漬調味料
┌ 醬油……1/4杯
│ 薑片……2片
│ 花椒……1/2小匙
│ 八角……1顆
│ 白胡椒粉……少許
│ 黑糖……2大匙
│ 水……1杯
└ 紹興酒……1小匙

作法

❶ 醃漬調味料煮開，放涼備用。

❷ 雞蛋放入小鍋，注水，水面恰好淹過蛋，水滾10分鐘然後熄火。

❸ 移至冰水冷卻，再剝蛋殼。

❹ 取一保鮮盒或罐，注入醃蛋汁，放入蛋。

❺ 置冰箱冷藏半天即可食用，冰兩三天，更入味。途中需常常翻面，讓蛋均勻浸泡在醬汁中。

*因為是全熟蛋，可冷藏保存約5天。

配菜 **咖哩青椒蒟蒻**

材料

蒟蒻200公克
青椒 2個
芝麻油 1小匙

調味料A
┌ 咖哩粉……1/2小匙
│ 醬油……1/2大匙
│ 味醂……1/2大匙
│ 酒……1/2大匙
└ 水……1大匙

作法

❶ 蒟蒻切成0.5公分薄片，用流動的水沖洗，輕輕搓洗表面，再放入燒開的滾水中，待鍋中水再次沸騰後即可取出放涼。

❷ 青椒去籽和囊，切成約2公分寬片狀。

❸ 熱鍋下油，中火炒蒟蒻。

❹ 下咖哩粉同炒至香味溢出，再下A剩下的調味料，拌炒均勻收汁，最後再加入青椒，翻炒幾下即可。

一點
酸甜 **蜜黑豆**
詳見85頁

主菜 **桂圓米糕**
詳見165頁

Wednesday

主菜 黃豆燉牛肉

如王宣一家宴的紅燒牛肉，我家這道燉牛肉「一定得配白飯」是沒得商量的吃法。這也是婆婆家的拿手菜，更是超棒的便當菜。從前因物資不豐，加黃豆是為了增加分量，殊不知飽吸牛肉湯汁精華的黃豆，更為多數人喜愛。從營養學的觀點，同時攝取動物和植物性蛋白質，是成長期孩子長高和補充下午續航力的重量食物。

材料

牛腱或肋條……1斤半（半筋半肉）

蒸熟黃豆……500公克

爆香調味料A	燉煮調味料B
蔥……2根	辣豆瓣醬……3大匙
薑……5片	醬油……1/2杯
八角……2粒	糖……1/2大匙
花椒……1大匙	紹興酒……2大匙
月桂葉……2片	麻辣豆腐乳……1/2塊

作法

❶ 燉鍋中加油，中大火炒香A調味料的蔥、薑，再轉小火炒香花椒，小心，花椒不要炒焦黑了。熄火，將蔥、薑、花椒撈起，和八角、月桂葉一起包入布包裡綁緊。

❷ 原鍋中加入牛肉，炒至肉色轉白。再加入B，用中小火拌炒1分鐘。

❸ 加進水，中大火煮滾後，放入已綁緊的香料袋並轉小火，蓋鍋蓋，續煮燉60分鐘，加入蒸好的黃豆，再滾起，加蓋，再燉60分鐘。（台灣牛和澳洲牛需要較長的燉煮時間）

❹ 熄火，直到整鍋冷卻。靜置隔夜，味道更入味。如果牛肉不夠爛，再續燉60分鐘。

❺ 試味道，依個人喜好調整甜鹹度。

配菜 白菜滷

材料

白菜中小型……1顆
胡蘿蔔……1段
乾香菇……4朵
新鮮黑木耳……1朵
金勾蝦（開陽）……10公克
扁魚……5片
薑……1小塊
蔥……1支
香菜……少許

調味料A
[蠔油……1大匙
  鵝油香蔥……1大匙]

作法

❶ 起油鍋煎炸扁魚，至金黃酥香。

❷ 另起油鍋（最好用動物性油脂，如豬油或雞油），小火煸香香菇、金勾蝦，下薑片、蔥白爆香，再加入胡蘿蔔炒至斷生。

❸ 加入大白菜，翻炒均勻，加入半杯香菇水和A，轉小火，燜煮10分鐘。途中可檢查水分，若不夠再酌添。

❹ 嘗味添鹹淡，再撒白胡椒增香。

❺ 喜歡湯汁濃厚者可以勾一芡，也可省略。滴幾滴香油，並裝飾以香菜葉。

主食 紫米飯+炒酸菜

配菜 櫻花蝦四季豆

材料

四季豆……1小把
豆干……2塊
櫻花蝦……1大匙
料理油……適量
蒜……1瓣
蔥末……1大匙

調味料
[酒……1/2小匙
  水……3大匙
  胡椒粉……適量
  鹽……適量]

作法

❶ 四季豆洗淨撕去老筋，切成小丁狀。豆干切丁。

❷ 櫻花蝦沖水，用酒醃泡。

❸ 乾鍋炒豆干丁，去除豆青味，起鍋。

❹ 熱油鍋下蔥白，櫻花蝦，待香味溢出，加入四季豆丁和水。拌炒至熟，再加入豆干丁，加以調味料，拌勻，加入青蔥末，即可起鍋。

一點酸甜 糖漬橘皮蜜餞 常備

作法

❶ 橘子皮縱向切成八等分，浸泡在清水中，至隔天。

❷ 瀝除浸泡水，再添加清水至淹過橘皮，開火，滾開，煮10分鐘。水倒掉，再注入清水，浸置整晚。

❸ 再重複步驟❷，但再煮30分鐘，或至竹籤可穿刺。

❹ 取出果皮，置於冷開水中，靜置冷卻。

❺ 果皮切成1公分寬條狀，放進鍋中，加入份量1/4的糖和水，蓋落蓋，煮沸後，熄火，冷卻。

❻ 隔天加入剩下1/2的糖，再加熱，煮沸後即熄火。

❼ 最後一天倒入剩下的糖，煮沸後熄火，靜置隔夜。

❽ 取出橘子皮，熬煮糖水，濃縮1/2後，將橘皮放回鍋中，輕輕拌勻。

❾ 將橘皮排於盤子，勿重疊，趁熱撒上細砂糖。

材料

橘子皮……3個
白砂糖……比
橘皮重量多1倍
水……3大匙

Thursday

蘑菇燉煮漢堡排

材料

豬牛混和絞肉……共400公克
洋蔥……1/2個
全蛋……1/2個

牛奶……70公克
麵包粉……30公克

漢堡肉調味料A
```
鹽……1/2小匙
現磨黑胡椒……適量
肉豆蔻……適量
奶油……適量
```

燉煮調味料B
```
奶油……適量
洋蔥……1/4個切細末
蘑菇……10朵約0.2公分薄片
番茄糊……1/2杯
伍斯特醬……1/4杯
紅酒……1/2杯
茶色高湯……1杯
```

作法

❶ 奶油炒香洋蔥，待涼備用。

❷ 取一小料理盆，倒入牛奶和蛋液拌勻，加進麵包粉，讓麵包粉充分浸透濕潤。

❸ 另取一大料理盆，放入絞肉、已涼透的炒洋蔥細末、調味料A，混和攪拌均勻，再加入❷，充分混和均勻。

❹ 將漢堡肉餡分成8等分。每一塊肉餡揉成圓球狀，在雙掌之中如傳球般，左右輕甩約20下，一邊整形成橢圓球狀，放冰箱靜置10分鐘。

❺ 熱平底鍋，加油，將漢堡肉雙面煎至金黃焦香，起鍋。鍋底加點熱水，煮開，將鍋底精華輕輕刮起。

❻ 燉鍋加熱，加奶油，炒香洋蔥續加蘑菇片，再加入番茄糊拌炒至香味溢出，之後加入剩餘的燉煮調味料。最後加入5的肉和刮起的鍋底精華。中火煮至沸騰3分鐘，再轉小火蓋上鍋蓋，燜煮15分鐘至湯汁濃稠。

❼ 完成時可視成品酌量調味以鹽和黑胡椒，並融入一小塊奶油。

配菜 香蒜風炒雙筍

近幾年青花筍的栽種漸普及,主要在品嘗比例較多的嫩莖,比起花朵一蒸就黃的綠花椰,我個人認為更適合入便當菜。雖說市場上常有塑膠底盒,用保鮮膜包覆已剝好的玉米筍,但您絕對要試試新鮮帶殼的玉米筍,會發現以前吃的玉米筍了無生氣。

材料	作法
青花筍……半束 玉米筍……6根 大蒜……1瓣 熱開水……30 ml 鹽……1/3小匙 熟白芝麻……1/2大匙	❶ 青花筍洗淨,去皮,切成5公分段。玉米筍洗淨斜切。 ❷ 炒鍋倒入冷油,放入拍碎的大蒜,小火炒香。 ❸ 加入玉米筍、青花筍和熱水,翻拌一下,蓋鍋蓋,小火燜煮2分鐘。 ❹ 熄火,調味,再加入白芝麻,拌炒均勻。

配菜 摩洛哥風拌南瓜腰豆 常備

材料

南瓜……200公克
水煮紅腰豆(罐頭)……150公克
水煮毛豆……50 公克

調味料A
- 辣椒粉……1/2小匙
- 小茴香籽粉(孜然)……1/4小匙
- 芫荽籽粉……1/4小匙
- 薑黃粉……少許
- 鹽……1/4小匙
- 研磨黑胡椒……適量
- 白酒醋……1小匙
- 特級初榨橄欖油……4大匙

作法

❶ 南瓜切成3公分立方狀,入煮鍋加水和少許鹽,中火煮滾,約3分鐘,煮至竹籤可穿刺的程度,起鍋瀝乾。水煮紅腰豆和毛豆瀝乾。
❷ 混和調味料A,製作醬汁。
❸ 將所有材料和調味料拌勻即可。

主食 蘆筍
燉飯

一點酸甜 紅酒燉蘋果 常備

材料

小型蘋果……2顆

煮蘋果汁A
- 肉桂棒……2根
- 二砂……1/2杯
- 紅酒……1杯
- 水……1杯

作法

❶ 蘋果削皮,縱切4等分,去核。
❷ 將處理好的蘋果和A放入煮鍋,中大火煮滾。
❸ 轉中小火,蓋落蓋,續煮30分鐘。中途須注意水分狀況。
❹ 用已煮沸消毒的玻璃瓶裝瓶,冷藏保存約3週。

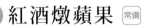

主菜

梅干扣肉

材料

10公分寬五花肉……一條約 600公克　　薑……2片
梅乾菜……50公克　　蔥……1枝

醃肉料 A
 醬油 ……1大匙
 普洱茶或伯爵茶…… 1大匙
 酒 1大匙

焦糖化色B
 油…… 1大匙
 冰糖 ……1大匙

蒸料C
 醬油……2大匙
 酒…… 1大匙
 糖…… 2小匙
 水…… 1杯

勾芡D
 玉米粉……1小匙

作法

❶ 泡濃茶液。

❷ 五花肉洗淨，用水煮20分鐘，至用筷子可穿透。起鍋拭乾，切成約1.2公分厚片。用A抹勻，浸泡在茶液中，靜置30分鐘。

❸ 肉取出，拭去茶渣，醬油和酒抹勻，靜置15分鐘。

❹ 起油鍋，加入B，待糖融化呈焦糖色，加入肉片，使均勻上色。

❺ 將肉片排入碗中。

❻ 梅乾菜在水龍頭下漂洗，洗淨泥沙，瀝乾水分，切成細末。

❼ 起油鍋，下薑片、蔥段和梅乾菜末，炒香後盛起，覆蓋在肉面上。

❽ 倒入C，隔水蒸1小時，取出倒扣在深盤中。

❾ 將蒸汁瀝出，調玉米粉，煮滾成芡汁，再淋在扣肉上。

 配菜

十香菜 常備

冷熱食皆宜，除了是過年期間的最佳解膩菜餚，也是平時常備的好料理。這道菜的難度在於十道素菜皆須切成細絲，但一次做起來，放冰箱隨取隨用，非常方便。惟年節時爲了有好采頭，所以有十種素菜，平時做可以稍微偷懶，減個幾樣也無妨。

材料

黃豆芽……200公克
胡蘿蔔6公分長……1段
乾香菇……3朵
黑木耳……1朵
竹筍……1支
榨菜……半塊
炸豆包……1個
金針菇……1/3包
芹菜……1株
嫩薑絲……1大匙
芝麻油……適量

調味料
╭ 鹽……適量
│ 香油……適量
╰ 白胡椒粉……適量

作法

❶ 黃豆芽，掐去多餘鬚根，成爲如意形狀，洗淨瀝乾。

❷ 胡蘿蔔削皮，切細絲；竹筍煮熟切細絲；香菇泡軟，切去蒂頭切細絲；木耳切去蒂頭切細絲。

❸ 金針菇切去蒂頭，分小株，對半橫切。

❹ 豆包過滾水去油，用紙巾輕壓吸收水分，切細絲。

❺ 榨菜切細絲，用清水漂洗鹽分。

❻ 熱鍋加1大匙芝麻油，先炒香黃豆芽，去除豆青味，煸出豆香。盛出備用。

❼ 原鍋再加入1大匙芝麻油，炒香薑絲，再下香菇絲炒香，接著加入胡蘿蔔絲和竹筍絲，一一炒出香味後，再依序加入榨菜、木耳、金針菇、豆包和芹菜。

❽ 加入鹽及白胡椒粉調味。起鍋前淋少許香油即可。

 配菜

干貝芥菜心

材料

芥菜心（結球狀）
大干貝……3個或小珠干
貝10個
薑片……2片切絲

調味料
鹽……1/2茶匙
白胡椒粉……少許
太白粉……1大匙+
清水1大匙攪拌均勻
（勾芡用）

作法

❶ 干貝加入一半水和一半米酒，因干貝會膨
發，水分需淹過干貝料上方1公分，放電鍋
中，外鍋放3杯水蒸。

❷ 蒸好的干貝放涼後，撕成絲狀，剩餘的高湯
備用。

❸ 芥菜心洗淨，切滾刀塊，用沸水氽燙2分鐘
撈起，馬上泡冰水降溫，待涼透，撈起瀝乾
水分。

❹ 下油炒香薑絲，加入干貝絲，再倒入泡干貝
湯和雞高湯和鹽熬煮3分鐘。

❺ 放入芥菜心，小火煮5分鐘，撈起放在盤子
裡。

❻ 最後將太白粉水慢慢一邊倒入一邊攪拌勾
芡，灑點白胡椒粉、幾滴香油。勾芡干貝汁
均勻淋在芥菜心即可。

 一點
酸甜

櫻桃蘿蔔蜂蜜檸檬漬 常備

材料

櫻桃蘿蔔……6個
鹽……少許

醃料A
檸檬汁……2大匙
白開水……2大匙
蜂蜜……2小匙

作法

❶ 櫻桃蘿蔔洗淨，去莖梗，對切或1/4切皆可，
有時我喜歡切成薄片，也很漂亮。用少許鹽
抓醃，再用開水沖洗掉鹽分。

❷ 將A調勻，和❶同放一乾淨容器，拌勻。冷
藏靜置2小時以上即可食用。

 主食

古早味
高麗菜飯

詳見166頁

不敗主菜篇

這裡我將介紹四季都合適的便當主菜，並以豬、絞肉、海鮮、雞鴨分類，大家可依喜好及需求按圖索驥，選出自己最喜愛的一道主菜。也由於百搭，所以取名為「不敗主菜」。

蘋果薑燒豬肉

日本人提到下飯的料理時一定會聯想到薑燒豬肉，它也很適合帶便當。一樣的日式醬油、味醂，因爲加了薑汁、薑泥和蘋果泥，更加清爽開胃。

基本的薑燒調味料的比例爲：

醬油 ＋ 酒 ＋ 味醂 ＋ 薑汁 ＝ 薑燒調味料

1.5 ： 1 ： 1 ： 1

材料

梅花肉片……約5mm~7mm厚度四片
麵粉……少許

醃肉料 A
- 薑泥……1大匙
- 蘋果泥……1大匙
- 酒……1/2大匙
- 醬油……1/2大匙

薑燒醬汁B
- 醬油……1又1/2大匙（視各家醬油鹹度而調整）
- 料酒……1大匙
- 味醂……1大匙
- 薑汁……1大匙

作法

❶ 梅花肉片斷筋，用A抓醃按摩，靜置15分鐘。

❷ 拭乾肉片上的醬汁，刷上薄薄一層麵粉。

❸ 熱油鍋，下肉片，中大火兩面稍煎焦黃，取出肉片，去除鍋中油脂並用紙巾吸附肉片油脂，再放回肉片。

❹ 油鍋中倒入醬汁，煮滾，至肉全熟，將肉片取出。

❺ 續煮醬汁至濃縮起大泡泡，再把肉片放回鍋中，轉小火讓每片肉片均勻沾裹上醬汁，熄火盛盤。

肉片的厚度隨個人喜好，只須注意掌握火候和肉的熟成時間，可用較薄的涮涮鍋肉片，也有用較厚如炸肉排的肉片。另外切成適口大小的去骨雞腿肉或棒棒雞腿肉，也適用於薑燒手法，只是雞肉厚度較厚，須花時間先煎熟。

我喜歡切得比一般火鍋肉片來得厚些的梅花肉，最好介於5mm至7mm之間，也較多汁。而燒肉片時，不要一直泡在醬汁中，因味醂會將肉質變硬。所以我的改良做法是將肉片先用薑泥和蘋果泥醃過後，表面沾粉，入鍋煎焦黃香後，再下醬汁，讓肉與醬汁做第一次的接觸（焦糖化），取出肉片，將醬汁的酒味蒸散、收縮濃稠後，再放回肉片，以保肉片柔嫩不柴。

另外的變化做法還有照燒時蔬豬肉，是在時間匆忙的早晨，用較薄的涮涮鍋肉片和時蔬，一氣呵成快炒成繽紛營養的主菜一品，是不需配菜的快速便當菜。

和風叉燒肉 常備

叉燒肉整條上桌，現吃現切，就是豪華又大氣的宴客菜！切成厚片，淋上醬汁，配上蔬菜即是西式排餐；切成薄片，排成一盤，附上喜愛的調味品是晚餐主菜；也可以成為湯麵上的頂料，或沙拉的頂飾；而在早晨時，土司夾上幾片做成三明治，比起現成火腿，更是健康。還有剩的小肉塊可以拿來炒飯或做成肉凍。是超棒的常備料理。

材料

豬梅花肉……600 公克

醃肉調味料A
┌ 大蒜……1瓣，切片
│ 蔥綠……2根，切5公分段
│ 薑片……2片
│ 蘋果泥……1大匙
│ 月桂葉……1片
│ 八角……1粒
│ 酒……2大匙
└ 胡椒粉……適量

燒肉爆香料B
┌ 蔥……2枝
└ 薑……2片

燒肉調味料C
┌ 酒……2大匙
│ 醬油……3大匙
└ 蜂蜜……2大匙

作法

❶ 梅花肉用叉子在表面穿刺，再用棉繩綑綁成圓柱型（綁肉見下頁步驟圖）。

❷ 將A混和均勻，塗抹在❶的梅花肉表面，稍微按摩一下，放在保鮮盒中，冷藏醃漬4小時至隔夜。

❸ ❷的梅花肉取出，置室溫半小時，刮除表面醃料。

❹ 平底鍋中火燒熱油，煎香B的蔥段、薑片和醃肉料的八角、月桂葉後取出備用。

❺ 叉燒肉下鍋，表面煎上色。

❻ 轉小火，放入梅花肉，蓋鍋蓋，轉小火，繼續煎約40分鐘，中途需檢查翻面，約三次。

❼ 掀蓋，轉中火，噴酒，再加入剩餘的調味料C和❹，讓醬汁收稠，需將梅花肉不停翻面，讓肉均勻沾附醬汁。

❽ 食用前，依自己喜愛的厚度切成片狀即可。可搭配鹽蔥醬（詳見171頁）食用。

> 俗稱「梅花肉」的部位，是豬上肩胛肉的一部分，因油脂分布均勻而得名，吃起來口感好，適合長時間燉煮、紅燒或大塊烘烤，如叉燒肉、燉肉、白切肉；另外也能切成薄片，做為火鍋、燒烤用肉片、薑汁燒肉等。而因為本身即含約20~30%的油脂，所以做成漢堡排和肉丸等絞肉料理也相當適合。變化一下就是廣受歡迎的伯爵茶叉燒肉（詳見下頁）。

【和風叉燒肉變形增強版】

滷煮伯爵茶叉燒肉 常備

晚餐、便當和早餐主菜一鍋搞定！不須煎、不須烤的一鍋到底簡易版叉燒肉。也因為加入茶葉，清爽中帶著馥郁的茶香，滿室生香，是寒夜裡超級暖心的一品。甚至第二天的早餐和便當完全不用愁了。

材料

梅花肉……500g
伯爵茶……1大匙 （可用
自己喜愛的紅茶代替）

調味料A
[水……400 ml
蔥……1根
酒……2大匙]

調味料B
[醬油……4大匙
砂糖……4大匙
酒……4大匙
味醂……4大匙]

作法

❶ 梅花肉塊用棉繩綑綁定型。茶葉裝進棉製滷味包或紙製茶袋。

❷ ❶的肉和茶葉袋同放鍋中，加入調味料A。開中火煮至沸騰，轉小火滾2~3分鐘，取出茶葉袋。

❸ 加入調味料B，用烤焙紙做成落蓋。再蓋上外蓋，小火燉煮35分鐘。中途可以將肉翻面，翻個兩次。

❹ 打開蓋和落蓋，中火滾5分鐘，熄火。冷卻後，肉與滷汁分開，移至保鮮盒，可冷藏保存5天。

叉燒肉的棉繩綑綁法

叉燒肉綑綁後再料理，外觀得以定型，熬煮時不易散碎，且可使肥瘦合而為一，吃起來口感十足

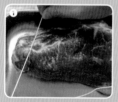
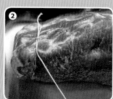
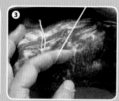

塔香番茄炒肉片

剩餘的肉片，加上炒熟變更甜的番茄和引味的榨菜，搭配微酸辣的醬汁和香氣馥郁的九層塔，開胃又下飯。也可以將肉片置換成肉末，更加省時。

材料

豬肉片⋯⋯200公克
小番茄⋯⋯20顆
榨菜⋯⋯30公克
大蒜⋯⋯1瓣
紅蔥頭⋯⋯2瓣
紅辣椒⋯⋯半根

醃肉料A
┌ 鹽⋯⋯1小撮
│ 白胡椒粉⋯⋯適量
│ 酒⋯⋯1大匙
└ 太白粉⋯⋯1小匙

調味料B
┌ 糖⋯⋯1小匙
│ 蠔油⋯⋯1大匙
│ 番茄醬⋯⋯1小匙
│ 魚露⋯⋯1/2小匙
│ 義式陳年酒醋⋯⋯2小匙
│ 現磨黑胡椒
└ 九層塔葉⋯⋯適量

作法

❶ 豬肉用A醃10分鐘。

❷ 番茄對切，大蒜、榨菜、紅蔥頭切末，紅辣椒去籽切末。

❸ 熱油鍋，中火翻炒豬肉片至半熟，取出。

❹ 轉小火，炒香蒜末，加入番茄和番茄醬拌炒。

❺ 加入豬肉片，先加糖再加魚露、蠔油，翻炒均勻至肉片熟，起鍋前淋鍋邊醋和黑胡椒粉，並裝飾以九層塔葉。

絞肉的便利和變化多端在中西料理皆然。由於是碎肉,烹調時間短,容易入味。簡單的肉末或肉醬料理短時間可以完成,但因絞肉與空氣接觸面積大,容易氧化變質,所以比起肉塊和肉片更須注意保鮮。最好的方式是剛剛好當餐可吃的分量或是預製成常備菜。

經典漢堡排 常備

漢堡排起源於德國的Hamburg Steak，傳入日本後，大受歡迎，是日本洋食屋的常見的定食料理。自家製作的漢堡排多汁鮮美且富於變化，很適合作為一般的家庭菜餚肉主菜或便當菜，同樣的工序與時間，建議可以一次多做一些，放冷凍庫保存，隨用隨取。

材料（四個）

豬五花絞肉：牛絞肉 4：6或是3：7
依各家喜好，共400公克
洋蔥……1/2個
全蛋……1/2個
牛奶……80公克
麵包粉……30公克

漢堡肉調味料A
- 鹽……1/2小匙
- 現磨黑胡椒……適量
- 現磨肉豆蔻……適量

簡易醬料B
- 洋蔥……1/8個切細末
- 番茄醬……4大匙
- 伍斯特醬……2大匙
- 紅酒……2大匙
- 水……4大匙
- 鹽……適量
- 砂糖……適量
- 現磨黑胡椒……適量

作法

1. 洋蔥切細末，用奶油炒香，待涼備用。

2. 取一小料理盆，倒入牛奶，再加進麵包粉，讓麵包粉充分浸透濕潤。

3. 另取一大料理盆，放入絞肉、已涼透的炒洋蔥細末、調味料A，混和攪拌均勻，再加入❷和打散的蛋，充分混和均勻。放冰箱冷藏10分鐘。

4. 將漢堡肉餡分成四等分。每一塊肉餡搓成球形，在雙掌之間如傳球般，左右輕甩，約20下，將空氣排出，邊整形成橢圓形。

5. 拍打好的漢堡肉，平放在盤子上，中央稍微用手指輕壓出凹陷。

6. 熱平底鍋，加1小匙奶油，1小匙料理油，中火先將漢堡肉雙面煎至焦香定型，轉小火，約每面各煎4分鐘。

7. 漢堡起鍋，原鍋倒入B，輕輕刮鍋底，讓鍋底精華融出，漢堡放回鍋中，中火煮沸至濃稠即可。

要當成晚餐時，可以這麼做：

1. 請在步驟6，漢堡兩面先煎焦黃定型後，再各煎5~6分鐘，至漢堡肉全熟。步驟7的醬汁單獨煮至濃稠，再於擺盤時淋在漢堡排上。

2. 套餐搭配建議：太陽蛋、蜂蜜胡蘿蔔奶油煮（詳見49頁）、蒜香野菇（詳見139頁）、油漬番茄（詳見129頁）

肉餡與醬汁的各種搭配組合：

和風	洋風	亞洲	絞肉	其他	蔬菜
照燒	蘑菇白醬	泰式酸辣	豬肉	豆腐	胡蘿蔔
味噌	義式紅醬	韓式辣味	雞肉	鹽昆布	四季豆
柚子胡椒	焗烤起司	中式乾燒	豬+牛		蓮藕
蘿蔔泥昆布醬油	巴薩米可醬		魚		蘆筍
			蝦		牛蒡
			透抽		毛豆

蔬菜雞肉餅（照燒、茄汁）

蔬菜雞肉餅是極佳的清冰箱料理，用冰箱裡快被遺忘的少許胡蘿蔔、幾根敏豆、半截牛蒡、落單的荸薺就能成菜！只要注意肉與蔬菜的比例，全都可以切碎了加進肉餅裡。雞肉的柔嫩搭配爽脆清甜的蔬菜，口感層次豐富。加上醬料，更是變化多端。做成比較迷你的尺寸，很適合做便當菜，因為把醬汁燒入味，再復熱也相當美味。

材料

雞腿絞肉……240公克
蔬菜丁……60公克（敏豆、蘆筍、高麗菜、毛豆、胡蘿蔔、牛蒡、蓮藕、豆薯、荸薺等皆可）

絞肉調味料A
┌ 青蔥末……2小匙
│ 味醂……1 小匙
│ 味噌……1小匙
│ 酒……2小匙
│ 薑汁……1小匙
│ 太白粉……2小匙
│ 全蛋液……1個
│ 鹽……少許
└ 白胡椒粉……適量

照燒醬C-1
┌ 醬油……1/2大匙
│ 味醂……1/2大匙
│ 酒……1/2大匙
│ 砂糖……1/2大匙
│ 水……2大匙
└ 薑末……1小匙

茄汁醬C-2
┌ 伍斯特醬……2小匙
│ 番茄醬……1大匙
│ 砂糖……1小匙
└ 水……1大匙

作法

❶ 蔬菜丁用少許鹽，醃漬出水，擠乾備用。

❷ 雞腿絞肉加蔬菜丁和A，混和均勻

❸ 分成八等分，製作成八個小球，雙手掌沾點油，讓肉球如傳球般，在雙掌之間輕輕摔打，將空氣拍出，並整型成圓餅狀。

❹ 熱油鍋，用中小火將肉餅兩面煎金黃。

❺ 加入C-1或C-2，中火煮至沸騰，轉小火收汁。可視情況勾芡，讓醬汁與肉餅緊密結合。

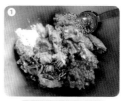

照燒藕夾

材料

蓮藕……1段
太白粉……少許
絞肉……約120g
切片剩下的蓮藕或荸薺，
剩菜的一小段胡蘿蔔也行
蔥……1小段
新鮮紫蘇葉數片（不一定
要加）

絞肉調味料A
┌ 薑泥……1/2小匙
│ 醬油……1/2小匙
│ 料酒……1/2 小匙
└ 白胡椒粉……適量

照燒醬料B
┌ 醬油……1大匙
│ 砂糖……1/2 大匙
└ 料酒……1大匙

作法

❶ 蓮藕削皮，切成約0.5公分的薄片，並拭乾水分。

❷ 剩餘的蓮藕和蔥切碎，加入絞肉，再加入A攪拌均勻，直到肉餡出現黏性。

❸ 紫蘇葉修成比蓮藕小的圓形。

❹ 將肉餡均分成幾等分，輕輕在兩手間甩打成圓球形。

❺ 藕片單面塗上太白粉，一半的肉餡先放在一片塗了太白粉的藕片上，鋪一片紫蘇葉，再放另一半肉餡，再用另一片藕夾住。

❻ 雙手掌在藕夾稍微施壓，讓肉餡在擠壓時，填滿藕洞，並平均分布在兩片藕中。換手勢，一手持藕夾，另一手修飾肉餡，讓餡料邊緣平整與藕片形狀大小一致。

❼ 熱平底鍋，下油，放藕片下去小火煎。

❽ 一面煎微焦後，翻面，繼續煎至另一面也微焦香。下B，待醬汁濃稠收乾即可。

鹹蛋黃蒸肉餅

台式的肉餅料理和肉丸子料理不同，不求Q勁，但求其鬆軟，所以不須加蛋或太白粉，也不須用打起膠。一般作法是將蛋黃鋪在盤底，上面蓋上五花絞肉，蒸好後再倒扣，浸在肉汁中，鹹香下飯。 但作為便當菜，我選用較不肥的梅花絞肉，為求其小巧可愛，將肉餅了放在小盅，再把蛋黃鑲在肉餅上蒸製，是較低脂的健康版本。

材料（3個）

生鹹鴨蛋黃……3個
豬梅花絞肉……180公克
清水或高湯……3大匙
香菜或蔥末……適量

肉餡調味料A
┌ 醬瓜/醃多瓜未……1大匙
│ 薑末……1/2小匙
│ 蒜末……1/2小匙
│ 酒……1大匙
│ 醬油……1/4小匙
│ 砂糖……1/4小匙
└ 白胡椒粉……少許

作法

❶ 為求鬆軟口感，肉絞一次即可，毋須再剁碎。

❷ 將A全放一個料理盆中，用筷子拌勻使調味料完全溶解，再加入絞肉，充分攪拌均勻，一邊緩緩加入清水和酒，一邊攪拌，讓肉餡吸足水分，放冰箱冷藏20分鐘。

❸ 取出肉餡，分成三等分，放在適宜小鉢中，將生蛋黃一一鑲在肉餅上。

❹ 放入電鍋，外鍋加1杯半的水，蒸至跳起，再續燜10分鐘。食用前，撒香菜或蔥末即可。

梅菜肉丸子

超下飯的晚餐主菜，也是便當常備菜。一球球的丸子，蒸好後放冷卻，可以密封冷凍，一個月內用完。爲省麻煩，也可以將肉餡直接做成一塊大肉餅，一樣好食有味。

材料

豬梅花絞肉……250公克
梅乾菜……約50公克
洋蔥末……1大匙
炒米……1大匙
清水……4大匙
太白粉……1小匙

肉餡調味料A
┌ 薑末……1小匙
│ 醬油……1大匙
│ 糖……1小匙
│ 酒……1大匙
└ 白胡椒粉……適量

成品裝飾琉璃芡B
┌ 高湯……50 ml
│ 醬油
│ 白胡椒粉……適量
│ 勾芡水……太白粉1/2
│ 小匙溶在1小匙水中
│ 香油……適量
└ 香菜末

作法

❶ 梅乾菜用流水沖淨砂土，浸泡冷水5分鐘，去除鹽分（勿泡太久，以免梅乾菜沒味道），瀝乾，切成碎末。

❷ 絞肉放砧板上，用菜刀剁至出現黏性。

❸ A放入料理盆中，用筷子拌勻，再加入❶和❷，用手順時鐘充分攪拌均勻後，分次加入清水，讓肉餡吸飽水分，繼續拌至肉餡產生黏性，再均勻拌入太白粉。

❹ 用冰淇淋挖勺，挖起一球的肉餡，每一球肉餡在雙手間甩打約20下。放在蒸盤備用。

❺ 放入電鍋，外鍋加1杯的水，蒸好後，燜10分鐘。

❻ 泌出肉丸子的湯汁，倒進小煮鍋中，加入B的高湯、醬油，煮滾後，勾芡，撒胡椒粉、香菜末，滴幾滴香油，淋在肉丸子上。

紫蘇梅雞肉餅

利用雞腿絞肉加梅肉加紫蘇，再裹上酸酸甜甜的梅子醬，變身成開胃清爽的雞肉餅。除了美味，紫蘇和梅子都有防腐功效，非常適合作爲夏季便當的主菜。

材料

雞腿絞肉……200公克
梅肉……2小匙
紫蘇葉……1~2枚
料酒……2 小匙
白芝麻……2小匙
太白粉……少許

紫蘇梅醬汁A
```
梅子果醬……1大匙
紫蘇梅……1顆去核，切碎
紫蘇葉……1片，切細絲
米醋……1大匙
糖……2小匙
鹽……適量
水……1大匙
```

作法

❶ 雞絞肉加梅肉碎末、酒、紫蘇葉絲和太白粉，混和均勻。

❷ 分成四等分，製作成小球，雙手掌沾點油，讓肉球如傳球般，在雙掌之間輕輕摔打，將空氣拍出，並整型成長橢圓餅狀。熱油鍋，將肉餅煎熟，兩面煎微焦黃。

❸ 加入A，煮至醬汁收稠，肉餅帶有光澤即可。可以再裝飾以新鮮紫蘇葉。

照燒雞腿排

基本照燒醬的調製內容為醬油、味酥、酒、糖,比例如下。自家做的照燒可以依自家喜好、慣用醬油的鹹淡、食材而自行調整。甜甜鹹鹹的醬汁很下飯,孩子們都會喜歡。

材料

去骨雞腿肉……1片約280公克
麵粉……適量
冷壓芝麻油……適量

醃雞料A
- 料酒……1/2大匙
- 薑汁……1/2大匙
- 鹽……1/2小匙

調味料B
- 醬油……2大匙
- 味酥……2大匙
- 料酒……2大匙
- 砂糖……1大匙 (可用蜂蜜代替)
- 水……2大匙

裝飾調味料C (可不加)
- 七味唐辛子粉
- 或
- 山椒粉
- 或
- 白芝麻

作法

❶ 雞腿去筋,切除多餘的脂肪,肉較厚處,用刀劃開,但不切到底。

❷ 均勻抹上料酒和薑汁,再抹鹽,輕輕搓揉入味,置室溫15分鐘。

❸ 雞腿拭乾,用刷子兩面都刷上薄薄一層麵粉。

❹ 熱油鍋,加2小匙芝麻油,雞皮面貼鍋子,中大火煎1分鐘,轉小火,蓋鍋蓋,煎4分鐘,待雞皮酥脆,翻面,續煎2分鐘。

❺ 瀝去雞腿多餘的油,鍋子的油也擦乾淨,加入B,中火一起煮滾。一邊煮,一邊用湯匙舀起醬汁淋在雞腿上。

❻ 待醬汁起大泡泡,再轉小火收汁,中途可翻面,讓雞腿均勻沾附醬汁。

❼ 切成長條狀,上面撒以白芝麻、七味唐辛子或山椒粉裝飾。

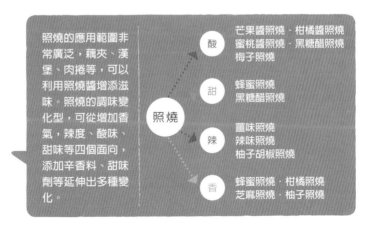

照燒的應用範圍非常廣泛,藕夾、漢堡、肉捲等,可以利用照燒醬增添滋味。照燒的調味變化型,可從增加香氣,辣度、酸味、甜味等四個面向,添加辛香料、甜味劑等延伸出多種變化。

照燒

酸 → 芒果醬照燒‧柑橘醬照燒
蜜桃醬照燒‧黑糖醋照燒
梅子照燒

甜 → 蜂蜜照燒
黑糖醋照燒

辣 → 薑味照燒
辣味照燒
柚子胡椒照燒

香 → 蜂蜜照燒‧柑橘照燒
芝麻照燒‧柚子照燒

蜂蜜檸檬照燒雞腿排

如果擔心早晨手忙腳亂，可以前一晚調好醬料，冷藏醃漬，第二天早晨只要預熱烤箱，再放進烤箱烤，在烤雞腿的同時，可以優雅的做其他配菜、泡咖啡或享用美味的早餐。

材料

去骨雞腿排……1片 約280公克

烤雞調味料

- 君度橙酒或干邑橙酒Grand Marnier……1/2大匙
- 醬油……2大匙
- 薑汁……1/2小匙
- 檸檬汁……1大匙
- 檸檬切片……3片
- 檸檬或柑橘類果醬……1大匙
- 蜂蜜……1大匙

作法

前夜準備

❶ 雞皮面用叉子均勻戳刺，雞腿去筋，切除多餘的脂肪，肉較厚處，用刀劃開，但不切到底。

❷ 調製烤雞調味料，均勻塗抹於雞身，置冰箱冷藏。

當晨料理

❶ 烤箱預熱200度，約需時10分鐘。雞腿排從冰箱取出，刮除醃料，置室溫10分鐘。

❷ 放入烤箱烤15~18分鐘，中途刷上醬料，讓表皮均勻上色。

❸ 取出，靜置10分鐘再切成適口大小。

鹽麴迷迭香噴水雞排 常備

利用鹽麴賦予雞胸肉鹹味並保水柔嫩，再加上新鮮迷迭香的香氣，味道超級迷人。可當作雞排當主餐，或者手撕鋪在熱騰騰的白飯成為噴水雞肉飯、包在墨西哥捲餅、作為三明治夾餡都很棒。可一次多醃幾份，密封冷凍，欲使用前一天才取出冷藏解凍，非常方便。

材料

雞胸肉……1塊
料酒……1小匙
鹽麴量約雞胸肉重量的8%
新鮮迷迭香……2枝
大蒜……1瓣
研磨黑胡椒

作法

❶ 雞胸肉表面用叉子戳洞，不喜油者，可去皮。

❷ 將酒平均抹在雞胸上，再將分量內的鹽麴均勻塗布雞胸表面。

❸ 迷迭香取葉子，切碎，大蒜拍扁切碎，混和均勻，塗在雞胸上。

❹ 置冷藏4小時以上，也可以直接冷凍，需要使用時再解凍。

❺ 料理前15分鐘，將雞肉取出置於室溫。

❻ 熱油鍋，刮除雞肉表面醃漬香料和鹽麴。

❼ 中火先煎皮面1分鐘，翻面再煎1分鐘，轉小火，每面各約煎4分鐘，起鍋靜置。

❽ 撒研磨黑胡椒增香。

在海鮮主菜中，乾燒蝦仁是最經典的乾燒料理，只要前一晚將辛香料備妥，蝦仁醃好，第二天即可輕鬆出菜。

酒釀乾燒蝦是一道可豪華、可小品的超級下飯菜，鹹中帶甜，微酸微辣，搭配鮮蝦的濃郁海味，噴香下飯，讓人停不下來。而中式年菜裡，最不易失敗，也最大方討喜的，實非酒釀乾燒大蝦莫屬了。紅豔豔的色澤，配上蔥白芫荽的綠，還有一尾尾分量十足的大蝦，非常喜氣大方，又年味十足。

宴客菜的版本，蝦不剝殼，只開背，稍微過油，引爆蝦殼特有的香氣。便當菜版本則需考量食用的便利性，以蝦仁入菜。且基於便當菜不宜過油，蝦仁改採煎香的方式，並減少蒜的比例。

乾燒蝦仁

乾燒料理最重要的元素是乾燒醬和辛香料，辛香料需先煸炒出味，番茄醬和豆瓣醬續下油鍋炒製，激起兩種醬料的香氣和色澤，所以選擇好的番茄醬和豆瓣醬很重要，而甜酒釀在最後才加入，中和番茄醬的酸和豆瓣醬的死鹹，畫龍點睛。極光家的乾燒醬比例如下：

薑末 ＋ 蔥末 ＋ 蒜末 ＋ 辣椒末 ＝ 辛香料

番茄醬 ＋ 豆瓣醬 ＋ 酒釀 ＋ 紹興酒 ＋ 糖 ＋ 醬油 ＝ 乾燒醬
  2   ： 1   ： 1.5 ： 1   ： 0.5 ： 0.5

如果給小朋友或不嗜辣的人吃，番茄醬比例可以調到五，但糖就需多加些或直接捨棄辣豆瓣醬，做成偏茄汁的口味。另外，以上組合只要把番茄醬拿掉，減少糖，就可以做魚香料理。

薑末 ＋ 蔥末 ＋ 蒜末 ＋ 辣椒末 ＝ 辛香料

豆瓣醬 ＋ 酒釀 ＋ 紹興酒 ＋ 糖 ＋ 醬油 ＝ 魚香醬
  2   ： 1   ： 1   ： 0.3 ： 0.3

材料

蝦仁……150公克

蝦仁醃料A
- 鹽……少許
- 白胡椒粉……少許
- 薑末……少許
- 蛋白……1大匙（需視狀況酌酌的添加）
- 玉米粉……少許

乾燒調味料B
- 豆瓣醬……1/2大匙
- 番茄醬……2大匙
- 酒釀……1大匙
- 紹興酒……1/2大匙
- 醬油……1/4大匙
- 糖……1/4大匙
- 高湯……3大匙

乾燒爆香料C
- 薑末……1大匙
- 蔥白末……1大匙
- 蒜末……2小匙
- 辣椒末（喜辣者可添加）
- 蔥綠珠……1大匙
- 芫荽末……1大匙
- 起鍋醋……適量

作法

❶ 蝦子剝殼，開背，去腸泥。沖水洗去黏液，用紙巾吸乾水分。

❷ 加入鹽和胡椒粉，抓幾下，再加入薑末，酌量加入蛋白拌勻，續加玉米粉，抓勻。

❸ 熱油鍋，蝦仁兩面煎香，約七分熟，先起鍋備用。

❹ 原鍋加入C炒香，再拌炒豆瓣醬及番茄醬，待香味溢出、醬色轉紅，加入剩餘調味料和高湯。

❺ 加入蝦仁，中大火煮滾拌炒，待湯汁收稠，沿鍋緣滴幾滴起鍋醋，並撒上蔥綠和芫荽裝飾。

義式番茄鹽烤鯖魚

材料

新鮮鯖魚或薄鹽鯖魚……1片
料酒…… 1大匙
薑汁……1小匙
鹽……適量
胡椒……適量
小番茄……5~6顆
巴薩米可醬……2小匙

作法

❶ 鯖魚兩面塗以料酒、薑汁，酌量撒點鹽和胡椒，魚身塗上薄薄一層油。

❷ 熱油鍋，在橫紋鑄鐵鍋也塗上一層油，魚皮面貼鍋煎炙。小番茄放在鍋邊炙燒。

❸ 待兩面焦黃，起鍋。

❹ 小番茄拌入巴薩米可醬，食用前淋在魚身。

極光流魚鮮處理術

❶ 烹調前，先用少許鹽抹遍魚身，靜置10分鐘，再用清水沖洗掉鹽和血水，此步驟不但可以去除腥味，還可彰顯魚原本的美味。

❷ 以薑、料酒稍醃去腥。

❸ 輔助以增香去腥的香料、香味蔬菜、醋和檸檬柑橘汁或較重的調味。

❹ 在醃漬後、燒製前，刷上一層薄薄的低筋麵粉，形成魚的防護罩，一方面肉汁不會散逸，一方面不會因為暴露在空氣中，肉的表面肌理因失去水分而乾柴，變成風乾橘子皮，且硬化。這是一種撲粉+敷面膜的概念（此法也適於燒肉料理）。

❺ 盡量去除魚刺，並切成一口大小再裝進便當。孩子們在學校的吃便當時間常常被剝奪，因此盡量以便利食用為考量來處理食材。

海鱷馬告燒

材料

海鱷輪切……1片
鹽……1/2小匙
薑汁……1/2小匙
酒……適量
麵粉……適量

調味料A
- 新鮮或冷凍馬告……1小匙
- 料酒……1大匙
- 醬油……1大匙
- 糖……1/2小匙

作法

❶ 取海鱷中骨，將輪切片一分爲二，噴一點酒，抹薑汁和鹽，
置室溫醃15分鐘。

❷ 拭乾魚身，兩面用刷子薄薄刷上一層麵粉。

❸ 馬告子用刀側面稍拍裂。

❹ 熱油鍋，將魚兩面煎黃，用紙巾拭去多餘油脂。

❺ 倒入A，中火燒開，小火續滷煮。

❻ 途中可翻面，讓魚身皆均勻裹覆醬汁，煮至醬汁濃稠即可。

照燒透抽鑲飯

材料

透抽……2尾
白飯……100公克
絞肉……50公克 （雞或豬都可以）
料理油……適量

鑲飯調味料A

料酒……2小匙
醬油……2小匙
味噌……1大匙
味醂……2小匙
蔥末……2小匙 （蔥白和蔥綠分開）
香菜末 ……1小匙 （可不加）
薑末…… 2小匙

照燒調味料B

醬油……3大匙
料酒……3大匙
味醂……2大匙
砂糖……1大匙
水……1大匙
七味唐辛子、山椒粉或
柚子胡椒……適量

作法

❶ 透抽取出內臟和頭部，洗淨體腔，瀝乾備用。

❷ 將連接透抽頭的墨囊和內臟、眼睛切除，觸角切成0.5公分左右碎粒。用些許薑末和酒醃漬去腥。

❸ 熱油鍋，炒香蔥白和薑末，再下絞肉和❷的透抽碎粒，將調味料A拌炒均勻，如有湯汁請瀝出。拌入白飯和剩下的青蔥末和香菜末。冷卻備用。

❹ 將拌好的飯塞入透抽，確實塞緊，約八分滿，開口用牙籤封口。在透抽的正面，每隔0.8公分劃一刀。

❺ 熱油鍋，轉中火，將填餡透抽兩面煎香。B調勻備用。

❻ 加入B，醬汁煮滾，轉小火，待醬汁收稠。期間請不斷將鍋中醬汁均勻淋在透抽上，使其入味。

❼ 起鍋，切成適口大小，撒上喜愛的七味唐辛子、山椒粉或柚子胡椒，並裝飾以香菜或青蔥末。

百花鑲鮮菇

材料（四顆）

蝦仁……150公克
鮮香菇……4朵
白膘油……20公克（蝦的1/8量）
荸薺……4粒
蔥薑末……各1小匙
玉米粉……1小匙
蛋白……1/3顆
太白粉……適量

調味料

白胡椒粉……1/3小匙
鹽巴 / 糖 / 香油

作法

處理香菇

香菇去梗，傘面圓弧頂部稍微削平，以利平放不滾動。內側挖出一點肉，讓香菇的內側成凹槽狀。灑上少許鹽讓香菇出水軟化，較好操作。

製作餡料

❶ 蝦仁用鹽抓洗掉黏液後，冷凍。解凍後，沖水讓蝦含水膨脹，再瀝乾並用乾淨的布或紙巾擦乾水分。用刀壓扁成粗泥狀，放在砧板上。

❷ 荸薺用菜刀拍扁，再剁碎，擠乾水分放進調理盆中，備用。

❸ 白膘油剁成小丁，混進蝦泥，一邊剁一邊混和，再放進❷的調理盆中。

❹ ❸加入蔥薑末，少許鹽，混合拍打至有黏性，接著加進蛋白1/3顆量、玉米粉1小匙，混合拌勻。

製作蝦餅

❶ 香菇刷上一層薄薄的太白粉，將餡料填滿香菇，上面依個人喜好裝飾以香菜和火腿屑，入蒸鍋蒸5分鐘。

❷ 將蒸香菇時泌出的湯汁倒入鍋中。加入切碎的香菇梗和挖出的香菇肉，加半杯水熬煮，成為香菇高湯。

❸ 起鍋，下香油，爆香少許薑蔥末，倒入香菇高湯，調味以1小匙鹽、1小匙糖，接著加進太白粉水勾芡，滾起濃稠後，起鍋前加點香油。

❹ 灑上蔥花及蒸好的湯汁，最後澆淋在蒸好的香菇鑲蝦球上即完成。

牛肉八幡捲

材料

牛涮涮鍋肉片⋯⋯80公克
金平牛蒡⋯⋯約30公克（見123頁）
青蔥⋯⋯1~2枝切成10公分段
麵粉⋯⋯少許
料理油⋯⋯1/2小匙

照燒醬汁
醬油⋯⋯1大匙
酒⋯⋯1大匙
糖⋯⋯1/2小匙
水⋯⋯1大匙

作法

❶ 依照肉捲的基本功，將金平牛蒡和青蔥捲成肉捲。
❷ 再依下方的醬燒要領，將肉捲做成醬燒。
❸ 斜切或平切成喜愛的長度。

肉捲的基本功

捲肉

❶ 買回來的肉片，取兩片攤平。
❷ 左邊的完整處向左，較破碎處向右。
❸ 右邊翻過來，完整處向右，較破碎處向左。
❹ 右邊的肉片破碎處刷上麵粉。
❺ 左邊的肉片疊上去，讓左右兩片肉的破碎處重疊，鋪成長約15公分，寬約10公分的直立長方形。
❻ 用手稍微壓緊。
❼ 蔬菜橫擺在下方1/5處，橫向長度以不超過肉面為原則。
❽ 肉片上方邊緣2公分處，塗一層麵粉。
❾ 由下往上捲，注意一邊捲一邊整形，在兩端收口，盡量捲緊實，並讓蔬菜被肉片完全包覆，產生如橫放的梭子形狀。
❿ 最後再稍微壓實，讓肉片交接處完全服貼。

捲料

先汆燙斷生瀝乾，或運用現成的常備菜。

醬燒要領

❶ 熱油鍋，將捲好的肉捲接合處貼鍋面先煎，讓肉捲黏合定型。
❷ 翻面，將肉捲煎至金黃上色。
❸ 加入預備好的調味醬汁，中大火滾醬汁，中間稍微滾動翻面，讓肉捲表面充分裹附醬汁，轉小火待醬汁收稠晶亮，即可起鍋。
❹ 待涼，以長度的中心點為軸，斜刀切出美麗的斜切面。

配菜篇

配菜多以蔬食為主，往往扮演著妝點色彩的角色，因此我以顏色分類，讓忙碌的你能快速找到心儀的色彩。另外配菜也提供了健康所需的維生素和礦物質，一個便當裡最好能有二道，所以多為常備，以便迅速帶上便當！

紅

黑棕　綠

白　黃

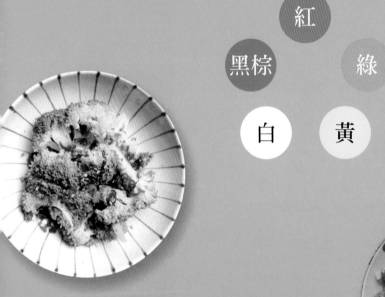

金平牛蒡 常備

金平牛蒡是常備菜中的經典。孩子不太喜歡牛蒡湯，但很喜歡加上醬油、味醂和糖炒製的金平風味，所以為了讓她也吃牛蒡，一根牛蒡，我會分成三種吃法，其中一定有金平。

材料

牛蒡⋯⋯1/2根
胡蘿蔔⋯⋯1/2根
紅辣椒⋯⋯1根
芝麻油⋯⋯3小匙
炒白芝麻

調味料A
- 醬油⋯⋯1大匙
- 味醂⋯⋯1 大匙
- 酒
- 砂糖

作法

❶ 牛蒡洗淨後，用刀背輕輕刮除表皮，再切成長度約6公分的細絲，泡清水10分鐘後，瀝乾備用。

❷ 胡蘿蔔削皮，也切成同尺寸的細絲。

❸ 炒鍋加芝麻油，熱鍋，炒香辣椒，先炒牛蒡，待香味散發後，再加入胡蘿蔔絲，待胡蘿蔔絲微軟，加入調味料。

❹ 繼續翻炒到收汁。裝飾以炒香白芝麻粒。

金平料理，幾乎是日本常見的蔬菜料理手法。將蔬菜切成細絲，以經典的日式調味組合──醬油：味醂：酒＝1：1：1，砂糖則約1/2或1/3醬油的量，可加點辣椒，也可撒上芝麻或乾脆用芝麻油炒，鹹甜微辣，是很下飯的便當菜。也有突破傳統的不加醬油、只加鹽的鹽味金平。

筑前煮

這是一道咀嚼起來口感熱鬧的料理，蓮藕牛蒡爽脆、胡蘿蔔甜糯、香菇軟Q、雞腿柔嫩。且各樣食材又有各自的味道，有蛋白質又富含維生素和纖維質，是營養均衡的一品。在風災或寒害後，我很喜歡做這道富含根莖類的煮物，來取代飆漲的葉菜類。

材料

雞腿……2/3塊
蓮藕……1截
牛蒡……1/4條
胡蘿蔔……1/2條
乾香菇……4朵（如果有香菇佃煮，可以直接使用）
酒……適量
芝麻油……適量

調味料
 醬油……3大匙
 砂糖……1大匙
 味醂……2大匙
 米酒……4大匙
 日式高湯……適量

作法

❶ 所有蔬菜切滾刀塊。香菇泡發，去蒂頭切四等分。蓮藕泡清水10分鐘。

❷ 雞腿先噴點酒，置室溫10分鐘，再將雞腿肉切成三公分見方，下熱油鍋，煸炒至稍微焦香，倒出多餘的油。

❸ 原鍋下牛蒡、胡蘿蔔和泡發乾香菇，翻炒至香味散出。

❹ 倒入除了醬油之外的調味料，小火滷煮15分鐘。

❺ 再將泡水的蓮藕片和醬油加入，落蓋煮10分鐘。

五目豆煮 常備

多樣的根莖類蔬菜加上大豆和香菇，軟脆並陳，口感豐富。不用乾大豆，而使用蒸熟的大豆，節省了滷煮的時間，靜置冰箱隔夜，更入味。想吃多少就復熱多少，好吃又便利。配稀飯、配飯兩相宜。

材料

乾黃豆……100公克
胡蘿蔔……1/4根
牛蒡……1/2根
蓮藕……1截
乾香菇……2朵（視香菇大小增減）

調味料

水……1杯
昆布 5cm*5cm 平方……1片
醬油……3大匙
料酒……1大匙
砂糖……1大匙
味醂……1大匙

作法

❶ 取乾黃豆100克，浸泡清水，放冰箱至少浸泡8小時以上。蒸熟放涼備用，或冷凍保存。

❷ 香菇用清水沖洗乾淨後泡發。

❸ 牛蒡用刀背刮除表皮，切成1公分小丁，浸泡清水10分鐘。

❹ 蓮藕、胡蘿蔔、香菇，切成1立方公分小丁。

❺ 黃豆和蔬菜放入鍋中，加入調味料和香菇水，中火煮滾5分鐘，仔細撈除浮沫。

❻ 轉小火，蓋蓋子煮20分鐘，熄火燜至涼即可。

❼ 放入消毒乾淨的保鮮盒中，冷藏保存可3~5天，冷凍可3週。

取出即可食用，因為只經過一次燉煮，口感較為脆口，喜歡軟爛一點的，也可以再開火燜燉5~10分鐘，吃熱的。

普羅旺斯燉菜 常備

此菜因動畫「料理鼠王」而聲名大噪。其實普羅旺斯燉菜是家常平實的法式雜菜燴（Ratatouille），也是即興的農家菜，並沒有那麼華麗精緻。利用蔬菜本身的水分燉煮，不加一滴水，滋味濃郁，適合用有蓋、厚一點的鍋（如鑄鐵鍋）來料理。如果喜歡的話，加一點動物性油脂炒製，將蔬菜的鮮甜發揮得淋漓盡致，更為順口誘人。當然，也可以完全使用純植物油。這是絕佳的夏季料理，冷藏在冰箱，隨時能攝取大量多樣的蔬菜。可直接冷食、搭配麵包，或作為披薩的頂料、義大利麵的醬料，或者加點高湯，做成什錦蔬菜湯。我也曾做成法式鹹派。是一道便利又營養豐富的冷藏常備菜。

材料

茄子……1條
櫛瓜……1條
紅色彩椒……1/2 個
黃色彩椒……1/2個
西洋芹……1/2根
洋蔥……1/2個
番茄……2顆
酸豆 （可不加）
黑橄欖 （可不加）

大蒜
番茄糊（Tomato Paste）……1大匙
香料束（月桂葉、百里香、巴西里）bouquet garni 一束，沒有時可加羅勒
豬油、鴨油或雞油……1/2大匙
橄欖油……2大匙

作法

❶ 將所有的食材清洗乾淨後，切成滾刀塊，約一口大小。

❷ 茄子切好後，放盆中，布一點鹽，搖勻，靜置20分鐘。再洗淨鹽分，然後瀝乾水分。

❸ 熱油鍋，中小火拌炒洋蔥至軟化並稍微變色後，放入大蒜炒香，再加入西洋芹拌炒1分鐘，續加入彩椒和櫛瓜，最後加入茄子與番茄，再拌炒至所有蔬菜微軟。

❹ 加入番茄糊和香料束，拌炒均勻，轉小火，蓋鍋蓋燜約5分鐘。

❺ 加入酸豆和黑橄欖，蓋鍋蓋，再用小火燜燉10~20分鐘。

❻ 熄火，燜至涼，置冰箱冷藏保存。

西西里燉菜 常備

西西里燉菜是義大利的無水料理代表，當地人在食用會加點白酒醋增添風味。同樣是南歐經典蔬菜燉煮料理，可一菜多吃之外，西西里燉菜切成比較小的丁，具有和普羅旺斯燉菜一樣的特色和優點，西西里燉菜因為切得較小，我常加以利用做成蛋料理，例如歐姆蛋。做黑糖醋肉或魚料理時，不須另再備蔬菜，直接加入。

材料

櫛瓜⋯⋯1條
紅黃椒⋯⋯各1個
洋蔥⋯⋯1/2個切末
大蒜⋯⋯1/2個切碎末
鯷魚⋯⋯3尾
百里香⋯⋯2枝（或羅勒葉數片）
鹽⋯⋯適量
料理油⋯⋯適量（可使用雞油或鴨油，更香）

作法

❶ 櫛瓜和紅黃椒切成1公分小丁，鯷魚切碎。

❷ 熱鍋，加油，炒香洋蔥末，加入鯷魚，炒香，續下大蒜炒香。

❸ 加入櫛瓜和彩椒丁翻炒均勻，蓋蓋子，燜煮5分鐘。

❹ 加百里香，並加鹽斟酌調味。

韓式辣醬金平結頭菜

材料

結頭菜 最小型……1個
黑芝麻……1大匙

調味料
┌ 韓式辣醬…… 1/2大匙
│ 醬油……1/2大匙
│ 味醂……1大匙
│ 糖……1小匙
└ 紅辣椒去籽切成細絲 ……半根

作法

❶ 結頭菜去皮，切成細條狀。

❷ 熱油鍋，加入結頭菜和一小匙熱水拌炒至斷生。

❸ 加入調味料，拌炒均勻，轉小火蓋鍋蓋燜2分鐘，使入味。

❹ 撒上黑芝麻，拌勻即可。

鹽檸檬金平白蘿蔔皮

材料

刷洗乾淨的白蘿蔔皮……1個
蘿蔔葉和梗 （可省略）
芝麻油……2小匙
鹽檸檬角型……1塊 （皮和肉分開切碎）

調味料
┌ 高湯醬油…… 1大匙
└ 鹽檸檬汁…… 2小匙

作法

❶ 白蘿蔔皮洗淨，切5~6公分細絲。

❷ 蘿蔔葉和梗洗淨切細末，用鹽抓醃5分鐘，沖淨鹽份，瀝乾備用。

❸ 熱鍋，下芝麻油，炒香白蘿蔔皮絲，加入調味料和鹽檸檬肉，拌炒至半收汁時，加入❷。

❹ 繼續翻炒，最後加入鹽檸檬皮碎。

好味

咖哩胡蘿蔔

材料

胡蘿蔔……半根
芝麻油……1小匙

調味料A
┌ 咖哩粉……1/2大匙
│ 砂糖……少許
└ 醬油……1/2小匙

作法

❶ 胡蘿蔔去皮,切成5公分左右中粗絲。
❷ 熱鍋,加入芝麻油,炒胡蘿蔔絲至稍軟。
❸ 倒入A,翻拌均勻,炒出咖哩香味即可。

油漬番茄（Semi-dried tomatoes）

經過烘烤過的小番茄,美味濃縮凝聚,更加甜美有味。單獨吃、作為配菜、拌生菜沙拉,或放在比薩、義大利麵和鹹派中都百搭。是極光家冰箱中不可或缺的常備菜。

材料

小番茄……1盒（大番茄也可以,須注意烘烤時間）
特級橄欖油（EVO Oil）
羅勒葉（Basil）或奧勒岡葉（Oregano）……適量
海鹽
研磨黑胡椒

作法

❶ 烤箱預熱120度。
❷ 小番茄洗淨拭乾水分,縱切剖半。香草葉切碎。
❸ 放料理盆中,倒入少許油,鹽和黑胡椒,輕輕搖勻,讓番茄均勻沾附油和調味料。
❹ 烤盤鋪烘焙紙,番茄切面朝上擺放,烤約2小時或番茄邊緣已乾而中心仍濕潤的程度。
❺ 取一乾淨並消毒之玻璃瓶,放入番茄乾,再倒入橄欖油,密封冷藏保存。請於一週內食用完畢。

好色·紅

番茄莎莎醬

番茄莎莎醬顏色繽紛，作法簡易，單獨成為配菜，百搭各式肉品。可以做成烘蛋料理，再調理成配魚的醬汁等等。早餐直接鋪在烤好的棍子麵包，就是義式香烤麵包片佐番茄丁Bruschetta，加絞肉可炒成番茄肉醬，延伸用法變化無窮。

- -

材料

小番茄…… 300公克
紫洋蔥…… 1/2顆 （任何顏色皆可，紫色更美）
青蔥…… 1支
香菜…… 2株

調味料

```
檸檬……1/2顆
糖……1大匙
鹽……2小匙
```

作法

❶ 所有材料洗淨拭乾，小番茄切丁；洋蔥切丁；青蔥和香菜切末。

❷ 將調味料混和拌勻，醃20分鐘即可食用。

芝麻味噌醬拌紅椒

- -

材料

紅甜椒…… 1/2個

醃拌料

```
醬油…… 1小匙
砂糖……1小匙
味噌…… 1小匙
研磨芝麻…… 1大匙
```

作法

❶ 紅椒去籽，切成細條狀，過滾水斷生。

❷ 醃拌料混和攪拌，拌入紅椒，混和均勻即可。

茄汁黃豆 常備

材料

已蒸熟黃豆200公克（詳見125頁「五目豆煮」的黃豆蒸法）
牛番茄……2個
洋蔥……1/2 個
水……1杯（視情況加減）
番茄醬……2大匙
番茄糊……2大匙
月桂葉……1片
伍斯特醬……少許
細砂糖……少許
鹽……少許
油……2大匙

作法

❶ 洋蔥切碎末，番茄切小丁。

❷ 熱鍋，倒少許油，炒香洋蔥，至透明，加入番茄醬和番茄糊炒軟。

❸ 加水煮沸，加進黃豆、月桂葉、伍斯特醬和糖，水量剛好蓋過黃豆即可，中火燒入味。

❹ 注意水量，待黃豆香糯入味，再嘗試味道，如果太淡再加鹽即可。

❺ 靜置放涼，再移入冰箱冷藏或冷凍保存。

果醋醃紫高麗藕片 常備

材料

紫高麗菜…… 1/8個
蓮藕…… 1小段

醃料

果醋……100ml
熱開水……1大匙
砂糖……3小匙
鹽……1小匙
昆布5公分正方……1塊

作法

❶ 蓮藕切薄片，泡冷水10分鐘。入滾水汆燙30秒即撈起，瀝乾。

❷ 紫高麗切成一口大小，用少許鹽抓醃，靜置軟化。再用冷開水漂洗去鹽分，瀝乾備用。

❸ 製作醃料，用熱開水融化砂糖和鹽，加入昆布和果醋。

❹ 果醋內加入蓮藕和紫高麗菜，拌勻，置冰箱冷藏醃漬一夜即可食用。

好色・紅

鮮蝦生春捲

材料

越南米紙……2 張（直徑16公分）
越南米粉……20 g（沒有時可省略，或者用小黃瓜
絲、在地米粉代替，我使用龍口純綠豆粉絲）

小黃瓜……半根	洋蔥……1/4個
胡蘿蔔……1小段	薄荷葉及芫荽
芒果……半個	九層塔……適量
蝦……2隻	生菜葉……2片
韭菜……適量	青蔥……1根

作法

準備工作

❶ 米粉用冷水浸泡至軟後，瀝乾備用。

❷ 以漏勺裝盛，下開水鍋，川燙至熟（約30
秒），撈出，用冷開水沖涼透，瀝乾備用。

❸ 蝦燙熟。

❹ 所有菜類洗淨，瀝乾。生菜切成約6公分長細
絲；小黃瓜去籽囊，也切成6公分長細絲；紅
蘿蔔切成6公分細絲。

❺ 洋蔥切細絲，青蔥切珠。

炒米粉

起油鍋，炒香洋蔥絲至
軟化透明，續下青蔥珠
和米粉，拌炒幾下，下
鹽調味，翻炒均勻，起
鍋放涼備用。

捲法

❶ 在一乾淨砧板，米紙攤平鋪上，噴霧器裝熱開水，均勻噴灑上水氣，使米
紙透明軟化。

❷ 在米紙中央，橫擺蝦，兩旁放薄荷和香菜葉，其上依序疊放紅蘿蔔絲、小
黃瓜絲、米粉、芒果、生菜絲和韭菜段。

❸ 由下往上將米紙包覆餡料，再將上方米紙往下覆蓋捲緊，然後將右方折
起，再將左方折起蓋上，包好即可沾食魚露醬。

快炒風龍鬚菜

健康無毒的龍鬚菜，利用快炒店技法炒製，
同一道菜包含了紅白黃綠黑五色，鹹香微
辣，一吃即上癮。

材料

龍鬚菜……1/2把	調味料
蛋……1顆	┌ 豆豉……1/2大匙
大蒜……1瓣	└ 米酒……1小匙
紅辣椒……1/2根	

作法

❶ 熱油鍋，打入全蛋，直接用鍋鏟攪散蛋，使顏
色有黃有白，起鍋。

❷ 原鍋爆香蒜片、紅辣椒片、豆豉，待香味溢出。

❸ 加入已挑好洗淨的龍鬚菜嫩莖葉，快速翻炒，
嗆米酒後即完成。

好色・綠

柴魚拌綠花椰

- -

材料
小型綠花椰……1/2株

調味料
⌈ 自製柴魚拌飯香鬆……2大匙（詳見157頁）

作法

❶ 綠花椰洗淨，削除老舊外皮，分切成小株。

❷ 煮鍋加入一杯水、鹽，煮滾，下花椰菜，約煮1
分鐘即熄火。

❸ 撈起，泡冷開水，瀝乾。

❹ 拌入柴魚香鬆，拌勻即可。

高麗菜千層

- -

材料
高麗菜葉……3片
山芹菜或其他綠色蔬菜……1把
燒海苔……2片

調味料
⌈ 鹽
⌊ 高湯醬油……1大匙

作法

❶ 高麗菜用熱鹽開水氽燙10秒鐘，取出，硬梗部
分削薄，對切。修成大小一致的長方形。

❷ 綠色蔬菜燙熟，拌入高湯醬油。

❸ 海苔也修成和高麗菜相仿的形狀大小。

❹ 取一長方形菜葉上鋪一層綠色蔬菜，再鋪一層
海苔，再疊上另一層菜葉。注意！梗的部位與
葉部位交錯堆疊，否則會導致成品高低傾斜。

❺ 依序疊好，整形壓緊實，再切成適口大小。

香料南瓜黑糖燒

南瓜和肉桂、肉豆蔻等香料非常速配，煎烤和黑糖的梅納作用，南瓜表面焦香，內裡甜味凝聚，熱情香料則帶出香氣，簡單卻意外地好味。忙碌的早晨，在使用煎鍋煎無湯汁的肉類主菜時，即可利用煎鍋的空位同時做這道菜，省時又便利。

材料

南瓜……150公克
奶油……20公克

調味料

薑餅人綜合香料或肉桂粉
黑糖……1大匙

作法

❶ 南瓜洗淨，切成1公分寬的楔型。

❷ 熱鍋，下奶油，待融化，轉中大火，將南瓜片排入，勿重疊。

❸ 兩面煎金黃焦香，撒入香料和黑糖粉，翻幾次面，讓香料黑糖融化沾附南瓜表面，煎至南瓜熟透，即可起鍋。

沙茶玉米豆乾

自助餐店的熱門菜式，也是大家很熟悉的家常菜。我將肉末改成白豆乾，豆香和豆乾的質地更彰顯沙茶醬的鹹鮮香。建議大家試試一些老牌火鍋店的自製純正沙茶醬，味道之好，絕非一般市售品可比擬。

材料

熟玉米粒……150公克
白豆乾丁……3塊
蔥末……1 小匙
紅辣椒……1/2根
蒜瓣……1瓣

調味料

沙茶醬……1又1/2大匙
鹽……適量

作法

❶ 鍋中熱油，先炒香豆乾，去除豆青味。

❷ 續下蔥末、紅辣椒丁及蒜頭炒香。

❸ 再加入玉米粒，繼續翻炒3分鐘，加入調味料即完成。

好色・黃

蔥油燜黃豆芽 [常備]

蔥油燜黃豆芽是江浙盆頭菜，冷熱食均適
宜，耐得住蒸燒，作為配菜和便當菜都絕
佳，也是菜價高漲時實惠的一品。多做一點
起來冷藏，是補充維生素和蔬菜的小尖兵。
這道菜看似簡單，秘訣在於爆香蔥油。

- -

材料

有機黃豆芽……300公克（根部較細）
青蔥……2支
薑……1小片（可省略）

調味料

醬油……1大匙
冰糖……1小匙
白胡椒粉……適量
米酒……1小匙

作法

❶ 黃豆芽洗淨，蔥洗淨切段，分成蔥白和蔥
　綠。

❷ 起油鍋，爆香薑、蔥白和一半蔥綠，轉小
　火，待蔥呈金黃焦香，下黃豆芽。

❸ 加入調味料，翻炒均勻，轉小火，蓋鍋蓋
　燜15分鐘，中途需掀蓋，再翻拌幾下。

❹ 掀蓋，轉中火燒到黃豆芽吸足醬汁油亮即
　可。

香料咖哩黃豆 [常備]

- -

材料

煮熟黃豆……200g
洋蔥細末……2小匙
薑末……1小匙
咖哩粉……1大匙
水……3大匙
鹽……1小匙
黑胡椒

作法

❶ 熱鍋，少許油，下洋蔥末，炒至香味四散，加
　入薑末、咖哩粉和鹽，再下黃豆和水，翻炒均
　勻。

❷ 炒至水收乾，撒一點黑胡椒，即可起鍋。

炙燒咖哩白花椰

春捲裡的炒咖哩高麗菜，換成同樣是十字花科的白花椰，並以椰子油添足香氣，脆感十足、營養滿點。白花椰也是蒸過顏色依舊漂亮的百搭便當菜。

材料

白花椰……1/4株
胡蘿蔔絲……少許
薑末……1/2小匙
咖哩粉……2小匙
水…… 1大匙
椰子油……適量

作法

❶ 白花椰，洗淨，去老皮，分成小株，再對切。

❷ 熱油鍋，炒香薑末，用中大火將花椰炒稍微焦香，再下胡蘿蔔拌炒。

❸ 加入水，滾起，續下咖哩粉，翻拌均勻，讓花椰菜上色。

❹ 調味以鹽和黑胡椒即可。

芥末甜柿拌大頭菜 常備

甜蜜的甜柿和蜂蜜搭配微嗆的大頭菜和芥末，是吃秋冬味濃脂厚料理時，清口的一品。

材料

甜柿……1顆
大頭菜 拳頭大小……1/2顆

調味料
┌ 有籽芥末醬……1大匙
│ 蜂蜜……1大匙
└ 鹽 ……適量

作法

❶ 大頭菜削皮，切成半月狀，用鹽醃漬軟化，過開水沖掉鹽分，拭乾備用。

❷ 甜柿削皮，切成半月狀。

❸ 在料理鉢中調和調味料，拌入大頭菜和甜柿片，輕輕拌和即可。

Peperoncino
蒜味辣椒炒藕片

材料

蓮藕 ⋯⋯1截
橄欖油 ⋯⋯適量
大蒜 ⋯⋯1瓣，切薄片
紅辣椒 ⋯⋯1根，去籽，切細絲
油漬鯷魚⋯⋯2尾
鹽⋯⋯適量
黑胡椒⋯⋯適量
義大利巴西里（Flat parsley）碎末⋯⋯適量

作法

❶ 蓮藕切成5公分段，再縱切成1公分寬左右長
　條。泡清水10分鐘。汆燙2分鐘後，起鍋備
　用。

❷ 鯷魚切碎末。

❸ 熱鍋，倒入橄欖油，小火慢慢炒香蒜片後，加
　入辣椒同炒，再加入鯷魚末，待鯷香味散出。

❹ 加入蓮藕，用中火拌炒均勻，直到蓮藕呈金黃
　焦香。

❺ 撒上黑胡椒和義大利巴西里碎末。

奶油山藥磯邊燒

材料

山藥⋯⋯1段
海苔⋯⋯1張
奶油

調味料

┌ 高湯醬油 ⋯⋯2小匙
└ 鹽

作法

❶ 山藥切成約0.8mm厚度圓片，直徑較寬幅者可再
　對切成半圓形。

❷ 兩面刷上調味料，熱鍋，融化奶油，將兩面煎微
　焦香。也可以進小烤箱烤上色。

❸ 將海苔剪成寬幅約2公分的長條，如腰帶一般，
　將山藥排攔腰圈住即可。

好色・白

竹筍田樂燒

材料

綠竹筍煮熟，剝殼……1枝

味噌田樂醬A
- 味噌……1大匙
- 味醂……1/2大匙
- 蜂蜜……1/2小匙
- 炒香白芝麻適量

作法

❶ 熟筍縱向對剖。改刀，切面上切菱形格紋。可以將底部稍微修平，以便固定。

❷ 將A用研缽磨成醬。

❸ 將調好的A塗一層在格紋面上，進小烤箱900W烤5~8分鐘左右，味噌醬表面微焦香即可。須注意不要烤焦。

❹ 依個人喜愛，撒上熟白芝麻、蔥花或柑橘皮絲。

筊白筍鹹蛋黃起士燒

材料

筊白筍……2枝
熟白芝麻
蔥花

調味料
- 焗烤天然起司絲……2大匙
- 或自己隨意調如馬自拉起司（Mozzarella）
- 或切達起司（Cheddar）
- 鹹鴨蛋……1個切碎

作法

❶ 筊白筍剝殼，汆燙至熟。縱向對切，改刀，切面上劃菱格紋。

❷ 格紋面撒上起司，再撒鹹蛋黃碎。進小烤箱900W烤5分鐘左右，待起司融化，表面微微焦香。

❸ 撒上熟白芝麻、蔥花即可。

香菇佃煮 常備

材料

香菇……10朵
清水

調味料
- 醬油……4大匙
- 味醂……4大匙
- 糖……4大匙

作法

❶ 香菇泡發，去蒂頭。

❷ 香菇和調味料放入煮鍋中，倒入泡香菇水加清水，以蓋過香菇為準，用中大火滷煮至沸騰，期間請仔細撈去浮沫。

❸ 轉小火，落蓋，再煮30分鐘，直到湯汁收乾。

鹽漬野菇 常備

材料

各種菇類……300公克（鴻喜菇、香菇、金針菇、舞菇、杏鮑菇和美白菇等等）
鹽……1/2大匙
白酒……3大匙
水……3大匙

作法

❶ 所有的菇切除根部或蒂頭，金針菇切成三段，鮮香菇切片，鴻喜菇對切一半再切片，小型菇約兩三朵為一個單位剝開。

❷ 熱鍋，下野菇，稍微炙燒一下，將有些菇類的特殊味道去除。

❸ 加白酒和水，蓋上蓋子燜蒸約5分鐘。

❹ 加鹽，拌勻。移至乾淨保鮮容器，待涼，置冰箱冷藏一夜，即可食用。

蒜香野菇 常備

材料

鴻喜菇、美白菇、鮮香菇或杏鮑菇皆可
大蒜末……1小匙
辣椒絲……少許
芝麻油……1大匙
鹽……適量

作法

❶ 菇類切成適口大小。

❷ 熱油鍋，不加油，先下野菇煸炒，炙燒出野菇香味。

❸ 續加大蒜和辣椒，翻炒出味。

❹ 加油和鹽調味，翻炒均勻即可。

救命仙蛋

家家冰箱必備的雞蛋，是少一味便當菜時的應急良方，也是菜色暗淡時的亮點，所以稱其爲「救命仙蛋」。

蛋料理快速、方便、營養價值高、且葷素百搭不挑菜，幾乎無人不愛。料理法不外乎水煮、油煎、炒、烘蛋和日式玉子燒等等。蛋的種類在台灣可以買到的，最平常的就是雞蛋了，其次是鴨蛋，還有需要特別注文的鵪鶉蛋。

荷包蛋煎（黑糖醬油蕾絲荷包蛋）

看似平凡無奇的荷包蛋，利用西班牙式的煎法，把蛋白和蛋黃分開，打發蛋白，口感即完全不同。省略了香草，最後滴上幾滴純釀醬油，即是下飯的中式醬油蕾絲蛋。

材料（1人份）

雞蛋……1個
特級橄欖油……1/2大匙

黑糖醬油
┌ 醬油……1大匙
│ 黑糖粉……1/2小匙
└ 水……1大匙

作法

❶ 蛋白和蛋黃分開。
❷ 用打蛋器打發蛋白。
❸ 蛋黃上撒一點鹽。
❹ 中火熱鍋，下油，倒入發泡蛋白，在中間再放上蛋黃。
❺ 將鍋中油用湯匙舀起，淋在蛋黃上。
❻ 煎至蛋白邊緣焦香金黃，蛋黃半熟即可盛起。作為便當菜，請翻面煎至蛋黃半熟。
❼ 原鍋加黑糖醬油，煮至收汁，酌添在蛋上。

煎炒蛋

起司蛋半月燒

材料（1人份）

蛋……1顆
起司片……1片
燒海苔……1/4片

作法

❶ 熱鍋，下油，轉小火，打入一顆蛋。

❷ 鋪上海苔和起司片。

❸ 將蛋對折成半月形。

❹ 兩面煎焦黃，即可起鍋。

錦系蛋 常備

細細的薄蛋皮絲，鋪排在白飯上，即成為速成的拌飯香。

材料

雞蛋……2顆

調味料

鹽……1/2小匙
糖……1/2 小匙
料酒……1/2小匙

作法

❶ 雞蛋打散，加入調味料，攪拌均勻。

❷ 熱平底鍋，倒入適量蛋液，攤平鋪勻鍋底。煎成薄蛋皮。

❸ 分批煎完後，蛋皮疊在一起。

❹ 再捲成筒狀，從一端開始切成細絲，依序完成。

炒蛋鬆 常備

材料

蛋……3顆
芝麻油……1大匙

調味料

| 砂糖…… 1大匙
| 味醂…… 1/2大匙
| 鹽…… 1/4小匙

作法

❶ 蛋打進料理盆中，打散後，加入調味料一起攪拌均勻。

❷ 熱鍋，加油，倒入蛋液。

❸ 蛋成凝結狀，用一把筷子，快速攪拌蛋皮，使成蛋鬆。

❹ 可放乾淨保鮮盒冷藏保存3~4天。

番茄炒蛋

最令人懷念的媽媽味，顏色有番茄的紅、蔥的白綠和蛋的澄黃，酸甜滋味好下飯。

材料

雞蛋……2顆
完熟牛番茄……1~2顆（可用黑柿番茄替代）
番茄醬…… 2小匙
蔥……1支，切段
鹽…… 1/2小匙
糖……1 小匙

作法

❶ 牛番茄底部畫十字，底部朝下，入滾水，待皮開始掀起，撈出番茄，待涼，去皮，切滾刀塊。

❷ 熱油鍋，倒入打散的蛋汁，用鍋鏟將熟蛋皮往上翻，約翻三、四下，即可起鍋。

❸ 原鍋再加點油，下蔥白，炒香番茄醬，再下番茄塊炒至濃稠出味，調味。

❹ 加入半熟蛋塊，繼續拌炒均勻，加入蔥綠即可起鍋。

煎炒蛋

玉子燒

煎蛋捲不僅是我大推的料理，也是孩子班上票選第一名的便當菜，由此可見其美味。孩子最愛的菜，不一定要珍饈，或繁複的料理工序，媽媽想讓孩子開心，不需要累壞自己或挑戰極限。

嚴格來說，日式玉子燒有兩種，一種是關東口味甜的厚煎玉子燒（厚燒き玉子）；另一種則是關西風味的無糖高湯煎蛋捲（出汁燒き玉子）。

甜味的關東風厚煎玉子燒，除了添加砂糖之外，不加高湯，將調味好的蛋液，一口氣倒入玉子燒的鍋中，如同烘蛋一般小火慢煎。

關西的玉子燒，加不加糖則隨每個家庭口味而相異，不過會加鹽，並加入大量高湯，煎出來的蛋捲口感軟嫩。也有人為了容易翻捲，在蛋液中加入太白粉增加成品的韌度。

> 極光家的煎蛋捲（玉子燒）基本配方如下，僅供大家參考：
>
> 使用鍋具：【盛榮堂】南部鐵器-角型玉子燒鑄鐵鍋，約寬13.5cm×深2.6cm×長17cm

玉子燒加料有三種方式

❶ 混進去捲

將食材切碎末，細碎的材料打進蛋液中同煎，給日式蛋捲添加了一點纖維質和顏色變化，也是絕佳清冰箱料理之一。混進去的材料有香味蔬菜，如蔥花、韭菜和香菜；熟蔬菜，如熟胡蘿蔔、熟玉米粒、熟青豆仁、高麗菜和綠色蔬菜等等；乾貨醃漬物，如蘿蔔乾、櫻花蝦等。或者常備菜、鹽漬野菇（詳見139頁）和肉末料理（見飯友單元）。

❷ 包起來捲

將材料集中捲在第一層蛋當中，如夾餡般，可以品嘗到蛋和夾餡材料各自展現的原味，特別適合會爆漿的起司、整塊的鰻魚和整條的明太子，也適合炒熟的材料，如蒜香野菇（詳見139頁）。

❸ 一起捲

整片的材料，形成每一層蛋液的鑲邊，視覺效果絕佳，如海苔玉子燒。

高湯玉子燒

材料（1人份）

蛋……2個

調味料

[高湯…… 12大匙
醬油…… 1/2小匙
砂糖…… 1/2小匙
料酒……1/2小匙]

作法

❶ 取一料理鉢，將調味料放置其中，拌勻至糖融。

❷ 打入蛋，用筷子以直線式來回攪打均勻，蛋液不必太勻，可保留點蛋白，成品的顏色煎出來較有層次美感。

❸ 煎蛋鍋用紙巾上油，以中小火燒熱。

❹ 倒入蛋液，煎蛋過程中如有起泡，請用筷子稍微點破。

❺ 稍微移動鍋子，使均勻受熱。

❻ 待蛋皮四邊都成型，用矽膠刮刀輔以筷子，輕輕捲蛋皮，從鍋子一側捲到另一側。

❼ 再用紙巾在鍋子抹油。把第一次捲好的蛋捲推到另一側。倒入剩餘蛋液的1/2。

❽ 蛋液流到蛋捲時，用筷子將蛋捲輕輕夾起，使蛋液也均勻攤流到其下。

❾ 重複步驟❸～❻，再捲一次蛋捲。再重複步驟❼和❽。

❿ 將蛋捲移出，放在壽司竹簾上。用竹簾將蛋捲捲起，輕輕壓實整形。

烘蛋

可作爲主菜，分量感十足、營養豐富的烘蛋，除了是清冰箱料理之外，還可以利用現成的常備菜迅速完成。

先用可進烤箱的鍋子（如鑄鐵平底鍋）炒香蔬菜丁（絲）或常備菜，再將蛋液倒入平底鍋中，用木杓攪拌，待蛋液半凝固，再將整隻平底鍋送入烤箱，以180度烤約3分鐘即可。如果沒有烤箱，可以蓋上鍋蓋，用極小火慢慢烘5分鐘。蛋裡加點水或牛奶和橄欖油，蛋會比較嫩。

- -

烘蛋可利用的常備菜

普羅旺斯燉菜 （詳見126頁）	西西里燉菜 （詳見127頁）	番茄莎莎醬 （詳見130頁）	金平牛蒡 （詳見123頁）	味噌雞肉鬆 （詳見150頁）

咖哩肉鬆 （詳見152頁）	香料南瓜黑糖燒 （詳見134頁）	金平奶油味噌胡蘿蔔 （詳見43頁）	鹽漬野菇 （詳見139頁）	蒜香野菇 （詳見139頁）

- -

香草南瓜烘蛋

材料（1人份）

中型蛋……4顆，約50~55公克1顆
洋蔥末……1大匙
迷迭香……2株（或茵陳蒿葉）
連皮南瓜……1片
綠花椰……1小株（約50公克）

調味料
鮮奶油……1大匙（可用牛奶替代）
鹽……1/2小匙強
糖……少許
現磨黑胡椒……適量

作法

❶ 南瓜切細條；綠花椰分小株，燙1分鐘；香草洗淨切碎。

❷ 洋蔥末炒香，加入南瓜條一起炒軟，稍微用鹽和黑胡椒調味，放涼冷藏備用。

❸ 蛋液加調味料和鮮奶油，用筷子打散，再加炒好的洋蔥南瓜、綠花椰和香草末。

❹ 底部15公分寬的鑄鐵鍋倒入料理油，用紙巾抹勻，中火加熱。

❺ 倒入蛋液，用木杓來回攪拌，至蛋液半凝結，加蓋，小火烘5分鐘或至蛋熟。也可送入已預熱180度的烤箱，烘烤5分鐘。

水煮蛋

黯淡的菜色，只要放上半顆Q軟水嫩的水煮蛋，或是橫切片，整個便當頓時亮麗起來，絕對勾引食欲。

可在蛋黃上擠上一小滴番茄醬或者自製蛋黃醬，撒上胡椒鹽或芝麻鹽，或者再講究一些，把蛋黃挖出，混和蛋黃醬，隨意加上手邊的零碎食材如香草、火腿、蟹肉等，並調味，再填回蛋黃的位置做成魔鬼蛋。

雖然有電鍋法或加紙巾到水中的水煮蛋方法，但我還是喜歡好整以暇、專心致意的用一鍋水煮出我想要的水煮蛋嫩度，以搭配不同的菜餚。

水煮蛋需掌握的三元素為：
❶ 重量：1顆雞蛋重量約50~55公克
❷ 溫度：冷藏雞蛋 ｜ 滾水下鍋 ｜ 起鍋冷卻
❸ 時間：

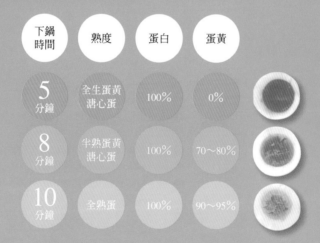

下鍋時間	熟度	蛋白	蛋黃	
5 分鐘	全生蛋黃溏心蛋	100%	0%	
8 分鐘	半熟蛋黃溏心蛋	100%	70～80%	
10 分鐘	全熟蛋	100%	90～95%	

浸漬蛋

完成了水煮蛋，浸泡在不同的調味料中冷藏一夜以上，即可完成不同風味的浸漬蛋。不用滷煮，利用時間慢慢浸漬入味的蛋，可保持蛋的嫩度，甚至溏心效果。全熟的蛋可冷藏保存五天，七八分熟可保存三、四天。

味噌醬漬蛋 常備

材料（1人份）

雞蛋……4顆

調味料
```
味噌……100公克
味醂……2大匙
砂糖……1大匙
```

作法

❶ 雞蛋煮至喜歡的熟度，剝殼。

❷ 取一乾淨消毒過的保鮮盒，放入調味料，拌勻至糖溶。

❸ 放入雞蛋，置冰箱冷藏。可多翻面，讓蛋均勻浸透醃漬料。

❹ 醃漬一天即可食用，冷藏保存約5天。

咖哩鵪鶉蛋 常備

材料

鵪鶉蛋……10顆
洋葱……1/6個
鮮香菇……1枚
咖哩粉……2小匙

醃蛋調味料
```
醬油……1大匙
水……2大匙
砂糖……1小匙
酒……1小匙
醋……少許
```

作法

❶ 熱油鍋，炒香洋葱和鮮香菇，加入咖哩粉，炒出香味，加入醃蛋調味料煮滾後放涼備用。

❷ 燒一鍋水，水滾放鵪鶉蛋，煮約5分鐘，撈起，置冷水中待涼後剝殼。

❸ 取一保鮮盒，用熱水消毒乾淨，放入❶和❷，置冰箱冷藏至少一晚。途中可以幫蛋翻面，使蛋均勻浸泡在醃料中。

水煮蛋、浸漬蛋

味噌雞肉鬆 常備

在日本，可快速完成的雞肉鬆，就像台式肉燥般，廣受大衆歡迎，同時也是三色丼中的靈魂。可用來作爲蓋飯、便當、做成玉子燒、拌進白飯裡捏成飯糰，或是和各式蔬菜拌炒，如秋葵肉末、玉米肉末或燒肉末豆腐，用途非常廣泛。

如果吃膩了基本款，只要復熱後上桌前加上不同的香草或醬料即可變身爲不同風味，如紫蘇雞肉鬆、鹽蔥雞肉鬆等，一菜百變，超級划算（冷藏5天，冷凍1個月）。

材料

雞胸或雞腿絞肉（也可混和各半）
……200公克 （可用豬絞肉代替）
冷壓白芝麻油……適量

調味料A
[薑汁 ……1大匙
  低筋麵粉……少許
  醬油…… 1又1/2大匙
  味噌…… 1大匙
  味醂…… 1大匙
  糖…… 1/2小匙 （可省略）
  料酒…… 1大匙
  芝麻油……1小匙]

作法

❶ 雞絞肉放料理鉢，加入調味料A，拌勻。

❷ 熱油鍋，下雞絞肉，一面翻炒，將雞絞肉炒散，炒至均勻收汁爲止。

八寶辣醬 常備

八寶辣醬、中國北方的炸醬以及台灣的肉燥、滷肉，都是好下飯和拌麵的小品，但八寶辣醬的料較為澎湃，有些上海老飯店的八寶辣醬甚至加了豬肚、蝦仁或花生，料多味美，因此可以單獨當作盆頭菜和下酒菜。

材料

雞腿肉 ⋯⋯50公克
豬小里肌肉 ⋯⋯100公克
乾香菇 ⋯⋯2朵
熟筍 ⋯⋯半支（可用筊白筍替代）
蝦米 ⋯⋯1大匙
白豆乾 ⋯⋯2片
胡蘿蔔 ⋯⋯1段約1/3條
熟毛豆 ⋯⋯2大匙
蒜末 ⋯⋯1小匙
蔥末 ⋯⋯1大匙

醃肉料A
┌ 醬油 ⋯⋯1小匙
│ 酒 ⋯⋯1小匙
│ 太白粉 ⋯⋯1小匙
└ 香油 ⋯⋯少許

調味料B
┌ 醬油 ⋯⋯1/2大匙
│ 糖 ⋯⋯1小匙
│ 辣豆瓣醬 ⋯⋯1大匙
│ 紹興酒 ⋯⋯1大匙
└ 水 ⋯⋯適量

作法

❶ 香菇洗淨，泡發，去蒂頭；胡蘿蔔削皮，連同熟筍和豆乾也都切成1.5立方公分的小丁。蝦米泡發。

❷ 將里肌和雞肉切成1.5立方公分的小丁，用A料醃15分鐘。

❸ 炒鍋不放油，先將豆乾的水分焙乾，起鍋。

❹ 放油，炒豬肉和雞肉至表面變色，起鍋。

❺ 原鍋炒香香菇和蝦米，加入蒜末及醬料B，炒出醬香，放入除蔥末外的所有材料，再加入淹過材料的水。

❻ 中火燒至湯汁收乾收亮，熄火，撒上蔥末即可。

飯友

咖哩肉鬆 常備

帶著生薑和綜合乾香料的嗆辣異國風，單單
鋪在白飯或豆腐上，就讓人胃口大開。配上
馬鈴薯泥和起司，可烤成咖哩風牧羊人派，
當然也可以做成烘蛋、玉子燒。

材料

牛豬絞肉 300公克 （也可單單使用豬絞肉）
大蒜……1瓣
生薑……1小塊
紅辣椒……1根
料理油……適量

調味料A
米酒……1大匙
咖哩粉……2大匙
番茄醬……1小匙
伍斯特斯醬……1大匙
研磨黑胡椒……適量
鹽……適量

作法

❶ 大蒜和生薑切末，紅辣椒去籽，切末。

❷ 熱油鍋，小火炒香薑蒜和辣椒。

❸ 下絞肉，轉中火，翻炒至絞肉變色且不結
塊，加入米酒，翻炒均勻，再下咖哩粉炒
出香味。

❹ 續下番茄醬和伍斯特醬，炒至醬汁吸收均
勻即可。

香菇肉燥 常備

香菇肉燥實用性非常廣，冷藏在冰箱，甚至
不須再復熱，可直接淋在熱騰騰的白飯或白
麵上，方便即食。

材料

香菇……10朵
梅花絞肉……300公克
蝦米……2大匙
油蔥酥……2大匙
泡香菇水……4杯

調味料A
醬油……5大匙
冰糖……1/2大匙
米酒……1大匙
白胡椒粉……適量
鹽……少許

作法

❶ 香菇泡軟，切丁。蝦米用清水泡5分鐘，切碎。

❷ 絞肉入炒鍋，加少許油（如用不沾鍋可不加
油），快速翻炒至肉末鬆散，水蒸氣散掉，油分
釋出，淋酒1大匙。

❸ 移出絞肉，倒入香菇丁、油蔥酥和蝦米炒香。再
下絞肉拌炒均勻後，倒入剩餘的A炒香，再加入
香菇水。

❹ 大火煮滾，轉小火燉煮30分鐘。

泰式打拋雞肉醬

材料

雞胸絞肉……200公克
打拋醬……1/2大匙 （視各家嗜辣程度自行調整）

辛香料A
┌ 大蒜……2瓣
│ 辣椒……1根
│ 朝天椒……1根 （不吃辣者可省略）
└ 紅蔥頭……3顆

調味料B
┌ 蠔油……1小匙
│ 魚露……2小匙
│ 醬油……1大匙
└ 椰糖……2小匙

裝飾調味料C
┌ 打拋葉或九層塔葉……1小碗

作法

❶ 辣椒去籽之後，和所有辛香料同放入研缽中，搗碎，也可用食物調理機切碎。

❷ 將調味料B調成醬汁，拌勻備用。

❸ 熱油鍋，炒香辛香料A，加入雞絞肉和打拋醬，炒至肉末轉白色。

❹ 下調味醬料B，繼續翻炒至九分熟，下C或九層塔葉，再續炒拌勻即可起鍋。

麻油薑素肉燥 常備

近年很夯的麻油薑，可用來炒菜、拌麵線、做麻油蛋和麻油肉片。加入菇類做成素肉燥，多了鮮味，又香又下飯，拌麵、拌飯和拌菜都好。

材料

黑木耳……2朵
鮮香菇……2朵

調味料
┌ 市售麻油薑 ……2大匙
│ 醬油……2大匙
└ 冰糖……2小匙

作法

❶ 黑木耳和鮮香菇切小丁末。

❷ 熱鍋下麻油薑，加入❶翻炒至香味散出。

❸ 加入醬油和糖，轉小火，待湯汁收稠即可。

飯友

墨西哥辣肉醬 常備

最家常的美國版肉燥。可當正餐配白飯、夾熱狗、當漢堡醬；也可當配菜，如搭配烤酥麵包、烤馬鈴薯；更可當零食，加起司沾玉米片、淋在薯條上等等。食用前，撒上切達起司、酸奶、青蔥或香菜，嗜辣者也可以再加點墨西哥辣椒丁。

材料

牛豬混和絞肉……200公克
洋蔥……1顆
大蒜……2瓣
青椒……1個
牛番茄……1顆
鹽……少許
現磨黑胡椒……少許
料理油……適量
罐頭熟紅腰豆（red kidney beans）……1罐（若無以鷹嘴豆、花豆代替）
墨西哥辣椒（Jalapeño）切塊……2條

綜合香料A
　綜合辣椒粉……2大匙
　孜然/小茴香……1大匙
　奧勒岡……1大匙
　紅椒粉（cayenne pepper）……適量

調味料B
　番茄糊罐頭……1罐（14.5 oz tomato paste）
　高湯……2杯（可用水代替）

建議搭配C
　香菜末
　青蔥末
　切達起司絲（Cheddar）
　酸奶（Sour Cream）

作法

❶ 洋蔥、青椒切丁，番茄去皮切丁，蒜切末。

❷ 取一燉鍋，加少許油（如使用不沾鍋不須加油），熱油後，倒入絞肉，將絞肉炒散。將絞肉盛出。

❸ 原鍋下洋蔥丁、青椒丁，以中小火翻炒，炒至顏色透明，加少許鹽跟黑胡椒提味。續下蒜末，炒至蒜香味溢出。

❹ 轉小火，加入A下去，翻炒約1分鐘，待香味溢出，再下絞肉和瀝乾的豆子，翻炒均勻。

❺ 加入B（或水），滾開後，轉小火，不蓋鍋蓋，中途需不時攪拌，直到湯汁收乾，約1小時。

辣炒丁香蘿蔔乾 常備

吃外賣便當時，最吸引人的常常是放在飯盒角落的辣炒蘿蔔乾。我加入了澎湖產的一寸小魚乾，引味之餘更補充了鈣質。

材料

客家蘿蔔乾 切碎……200公克 （需試鹹淡，如太鹹可以用清水適度漂洗）
大型紅辣椒……2條去籽切碎
丁香小魚乾…… 1/2杯
薑末 ……2小匙
大蒜末 ……1大匙
豆豉 ……2大匙
水…… 3大匙
蔥末 ……1大匙

調味料

┌ 糖……1小匙
└ 香油……適量

作法

❶ 丁香魚乾泡冷水10分鐘，瀝乾備用。

❷ 不加油，熱鍋乾炒蘿蔔乾至香氣散發，起鍋。

❸ 鍋中加多一點的油，炒香小魚乾和豆豉，起鍋瀝油。倒出多餘的油。

❹ 炒香薑末，加入蘿蔔乾末，拌炒均勻，再加小魚乾和豆豉，拌炒。

❺ 加入三大匙清水，待水分收乾，加入蒜末炒香，再加少許糖提味。

❻ 最後加入蔥末、大型紅辣椒和滴入少許香油，翻炒均勻即可。

飯友

梅子竹筍金針菇醬 常備

市售的金針菇醬多是進口品，貴森森的。不如買新鮮金針菇回來自己做，便宜新鮮又安心。如果不加醃梅和竹筍，就是普通版的金針菇醬。口感滑嫩，味道鮮甜，配飯和稀飯皆適宜。

- -

材料

小金針菇……1包
熟竹筍……半隻
醃梅……2顆

調味料
┌ 醬油……1又1/2大匙
│ 味醂……1又1/2大匙
│ 酒……1大匙
└ 水……100ml

作法

❶ 金針菇切去蒂頭，再均切成1.5公分小段。
❷ 熟竹筍切薄片。
❸ 取一小鍋，下全部調味料，煮滾後，下金針菇和竹筍。
❹ 蓋落蓋，小火燉煮20分鐘待入味。
❺ 取落蓋，加入醃梅肉，續煮5分鐘。
❻ 待涼，裝入密封罐或瓶中冷藏。

炒酸菜 常備

- -

材料

酸菜……300公克
蒜頭……2瓣
料理油……適量
紅辣椒……1支
米酒……1大匙
二砂……1大匙

作法

❶ 酸菜洗淨，擠乾水分，切成末狀
❷ 蒜頭切片，紅辣椒去籽，切片。
❸ 鍋中加2大匙油，爆香蒜頭片和紅辣椒片。
❹ 加入酸菜末，小火炒至酸菜乾爽無水氣，加入米酒和糖，再繼續翻炒5分鐘即可。

柴魚拌飯香鬆 常備

在傳統的柴魚拌飯香鬆，添加了松子和鹽昆布，平衡過重的柴魚味。配白飯、稀飯或包在三角飯糰中。當您看到孩子大口扒飯時，會開始後悔為什麼不多做些。

材料

柴魚片……20公克 （可利用做柴魚高湯剩下的柴魚片）
白芝麻…… 1又1/2大匙
松子……1又1/2大匙
鹽昆布……1大匙

調味料
┌ 醬油……1大匙
│ 砂糖……1/2大匙
└ 味醂……2大匙

┌ 水 ……4大匙
│ 醋……少許
└ 芝麻油……適量

作法

❶ 松子用小烤箱（900W） 烤5分鐘，白芝麻炒香。
❷ 柴魚片用剪刀剪碎，鹽昆布也稍微剪碎。
❸ 小煮鍋中加醬油、糖、味醂和水，小火煮滾。
❹ 一邊加入柴魚片，一邊攪拌，全程皆需小火，以免煮焦。
❺ 待水分收乾，柴魚片顏色變深，有焦糖香味，滴幾滴醋，再拌炒幾下。
❻ 加入松子、白芝麻和鹽昆布，翻拌均勻，滴少許芝麻油增香即可起鍋。

洋蔥醬 常備

要做西式料理的焦糖洋蔥醬，極需耐心且耗時甚久。把洋蔥切成小丁末，可縮短產生梅納反應的時間，添加了醬油加上洋蔥的自然甜，一點也不輸焦糖洋蔥醬。也可取代油蔥拌麵、拌菜或配飯都好。

材料

洋蔥1顆

調味料
┌ 醬油……3大匙

作法

❶ 洋蔥切小丁末，下炒鍋，加油，以小火慢慢炒至金黃但不焦黑。
❷ 加入醬油燜煮一下，待味道融合即可。

飯友

季 節 炊 飯

拌 飯 原 則

煮白米飯，最重要的是須將米洗至水清。因爲不同的穀物硬度和大小不同，有不同的熟成時間，我喜歡乾爽有Q度的白飯，所以我會將白飯、糙米飯、紫米飯、薏仁等等各自煮好，再依自己喜歡的比例拌在一起。

紅藜比較小，我會和米或糙米一起煮，米：紅藜≒4：1或5：1的比例。乾豆子類的黃豆、黑豆等因爲需要浸泡時間，我會一次蒸煮起來分裝、冷凍。豌豆和毛豆等新鮮豆類也是先煮好，分裝冷凍。

因爲冰箱隨時備有這些不同素材，而且都是煮熟只要復熱就可使用，各式五穀雜糧可同時多樣輕鬆攝取，非常推薦大家也可以試著做做看。

炊 飯 原 則

多花一點心思，運用當令的食材和高湯，和飯一起蒸煮，充分展現季節感的好滋味。

不同種類炊具的炊飯方法

炊具別	鑄鐵鍋	砂鍋	電子鍋	電鍋
尺寸	16公分	1~3合炊		
白米量	1合 180ml	1合 180ml	1合 180ml	1合 180ml
白米量：水量[1]	1：1	1：1	1：1	1：1
水量	180ml	180ml	180ml	180ml
浸泡時間	30 分鐘	30分鐘	30分鐘	30 分鐘
加熱時間	煮滾 最小火10分鐘	煮滾 中火10~12分鐘	按下功能按鈕	外鍋水量 量杯1杯水
燜蒸時間	熄火 10分鐘	熄火 20分鐘	炊飯完成 10分鐘	煮飯拉桿跳起 10分鐘

炊飯水量公式

一合

米種	分量	水量倍數	所需水量
白米	180ml	1.1	198ml
糯米	90ml	0.8	72ml
總水量		270ml	

1.如果沒時間浸泡米，水量須酌增為米量的1.1倍。

2.鑄鐵鍋煮飯，約七分滿。

喜歡較Q口感的，可以一杯半的白米加半杯的糯米，但糯米須單獨浸泡，約2個小時。

春季

玉米炊飯

玉米、奶油和醬油是天生絕配。三者和白米一起炊蒸，米飯吸滿了玉米甜味和香氣，奶油賦予米飯晶瑩油亮和Q彈口感，隱隱散發出醬油的鹹甘香，不愛吃飯的孩子也會多盛一碗飯。做這道炊飯，因為連玉米芯一起炊煮，所以我會選用無毒玉米，較為安心。

材料

白米……2合
玉米……2根
昆布高湯……2杯 （清水也可以）
醬油……2大匙
奶油……10公克

作法

❶ 米洗淨，需洗到洗米水清澈為止。泡水30分鐘後，完全瀝乾。

❷ 玉米去外皮及鬚，洗淨，片下玉米粒，芯勿丟棄。醬料備好。

❸ 砂鍋或鑄鐵鍋中放入米，注入高湯和醬油、奶油，擺上玉米粒和芯。如同熬高湯的原理，玉米芯一起煮，可以帶來更深層的風味。

❹ 蓋鍋蓋，用中大火煮至滾，關小火煮10分鐘，再熄火，燜10~12分鐘。

❺ 燜煮完成時，揭開鍋蓋，取出玉米芯，先上下翻動，再拌均勻。

綠竹筍櫻花蝦炊飯

材料

白米……1合半
綠竹筍 ……1支
*先切尾部粗硬老化部分
*洗淨外皮泥土，整支下冷水煮30分鐘
（可用洗米水煮，增加筍的甜味）
炸豆皮……半片
和風高湯+酒（2小匙）+醬油1又1/2大匙
=1杯半的液體
櫻花蝦……4大匙
酒 ……1/2大匙（櫻花蝦用）
青蔥末或香菜末……適量

作法

❶ 米洗淨，需洗到洗米水清澈為止。泡水30分鐘後，完全瀝乾。

❷ 筍子切成0.5公分厚的片狀，咬起來較有存在感。

❸ 豆皮用滾水燙去油分，用紙巾壓乾水分和吸油，切成細絲。

❹ 米酒拌進櫻花蝦，用小烤箱600W烤5分鐘至酥脆。（櫻花蝦易焦，進烤箱3分鐘後須留意狀況）

❺ 將所有材料和一半的櫻花蝦放進鑄鐵鍋或砂鍋，先中大火煮滾，轉小火炊煮10分鐘，熄火後，燜10分鐘（砂鍋20分鐘），揭蓋，將鍋底的飯拌上來。

❻ 食用之前，撒上櫻花蝦、香菜末或青蔥末。

番薯炊飯

超級食物番薯甜蜜多纖維質，皮刷洗乾淨後放入與米共煮。

材料

白米……2合
番薯……1條
清水……360 ml
黑芝麻……適量

調味料
鹽……1小匙
酒……1大匙
香油或奶油……1 小匙

作法

❶ 白米洗至洗米水清澈，瀝乾，浸泡分量內清水30分鐘。

❷ 番薯刷洗乾淨，連皮切成2公分立方的小塊。

❸ 炊飯鍋中加入番薯、米、水和調味料，開火煮至沸騰，蓋鍋蓋轉小火，煮10分鐘，熄火，再燜10分鐘。

❹ 掀蓋，由鍋底往上，將飯拌鬆，均勻撒上黑芝麻裝飾。

香茅飯

材料

泰國香米（一般白米也可以）……1.5合
魚露……1又1/2 大匙
蝦……150g
酒……適量
薑泥……少許
香茅……4根
卡非萊姆葉……4片（切成細絲）
香茉葉

作法

❶ 蝦去腸泥，剝殼。撒一點酒和薑泥。

❷ 香米洗淨，需洗到洗米水清澈爲止。泡水30分鐘後，完全瀝乾。

❸ 米和液體1杯半（魚露+水），放鑄鐵鍋，先中大火煮滾，轉小火炊煮10分鐘。

❹ 掀蓋，放入香茅和蝦，蓋鍋蓋，續燜10分鐘。

❺ 揭蓋，將鍋底的飯拌上來。

❻ 撒上卡非萊姆葉細絲，也可以加香茉。

野菇炊飯

材料

米⋯⋯1.5合	調味料A
鮮香菇⋯⋯50公克	┌ 醬油⋯⋯1大匙
鴻喜菇⋯⋯50公克	└ 酒⋯⋯1大匙
舞菇⋯⋯50公克	
金針菇⋯⋯50公克	調味料B
日式炸豆皮⋯⋯1片	┌ 醬油⋯⋯1大匙
	└ 酒⋯⋯1/2大匙

裝飾用料C
┌ 海苔絲
└ 炒香白芝麻

栗子炊飯

材料

米⋯⋯1合	調味料A
長糯米⋯⋯1/2合90ml	┌ 味醂⋯⋯1/2大匙
高湯⋯⋯270ml	└ 淡醬油⋯⋯1大匙
鹽⋯⋯1小匙	
味醂⋯⋯1大匙	裝飾用料
黑芝麻磨碎⋯⋯1大匙	┌ 黑芝麻⋯⋯適量
已剝殼新鮮栗子⋯⋯10顆	

作法

❶ 米洗淨，需洗到洗米水清澈為止。用清水浸泡30分鐘，完全瀝乾備用。

　＊非常重要，大多數人失敗就是因為米沒有瀝乾

❷ 菇類洗淨，切去蒂頭。鴻喜、舞菇兩三朵分1株，香菇切成薄片，金針菇切成3公分段。

❸ 熱炒鍋，下❷和A下去炒，直到軟化出水。菇類放在瀝網壓擠出湯汁，瀝出的湯汁和鍋內的湯汁倒入量杯。

❹ 炸豆皮用熱水汆燙過，去除油脂，再用紙巾壓擠乾水分。先對切，再切成細絲。

❺ 炊飯鍋中加入米、菇類和炸豆皮絲。

❻ ❸的野菇汁加B，再加水補足成1.5杯的水。加入❺中。

❼ 按照炊飯步驟煮飯。

❽ 燜煮好時，再用飯匙由下往上輕輕翻拌均勻。

作法

❶ 糯米先洗淨，浸泡清水2小時。白米再洗淨，浸泡清水30分鐘。兩種米充分瀝乾備用。

❷ 栗子放入煮鍋，注入剛好淹過栗子的清水，再加入A，用中火煮約15分鐘。瀝乾備用。

❸ 鑄鐵鍋中放入米、高湯和所有調味料、黑芝麻、已調味的栗子。蓋鍋蓋，中大火煮滾後，轉小火煮10分鐘，再熄火，燜10分鐘。

❹ 掀蓋，由下往上，輕輕將飯拌勻。

赤鯮炊飯

材料

赤鯮（加納）……1尾
牛蒡薄片……1小段的量
薑絲…… 2-3片
米…… 1.5合

裝飾用料
┌ 紅椒末……2大匙
│ 香菜末……1大匙
│ （不喜香菜者可以用
│ 京都水菜，有機商店
└ 現在都買得到。）

醃魚料
┌ 鹽……1小匙
│ 薑汁……1小匙
└ 酒…… 1小匙

調味料
┌ 海鹽……少許
│ 和風沾麵醬……1/4杯
│ 米酒……1/4杯
└ 水……1杯

＊所有的水分加起來剛好和
　米一樣是一杯半。

作法

❶ 烤箱預熱200度。

❷ 米洗淨，需洗到洗米水清澈為止。用清水浸泡30分鐘，完全瀝乾備用。

❸ 魚擦乾，兩面都抹米酒加薑汁，抹鹽，進已預熱好的烤箱，烤15分鐘。

❹ 鑄鐵鍋放入瀝乾的米，調味醬汁，鋪上牛蒡片和薑絲。

❺ 再擺上烤好的魚。

❻ 加蓋中大火煮滾後，改小火炊煮10分鐘，再改文火煮10分鐘。

❼ 完成後，可燜個5～10分鐘。喜歡鍋巴的人，可以打開蓋子，中大火加熱個2～3分鐘。

蘆筍燉飯

材料

綠蘆筍……150公克
洋蔥……100公克
大蒜末……1瓣
帕馬森起司……30公克 （削成粉）
米……100 公克
白酒……90ml （可用水代替）
高湯……200ml （可用水代替）
鹽
胡椒
奶油……15 公克
橄欖油……1/2大匙
鮮奶油……30 ml （可省略）

作法

❶ 蘆筍切除老硬的梗部，削去底部較粗外皮，約
　1/4處。切成斜切片。
❷ 大蒜，洋蔥切末。
❸ 在鍋中倒入奶油和橄欖油，中火炒香洋蔥和大
　蒜末，將洋蔥炒至軟化透明。
❹ 加入米一起炒香，讓米均勻沾附油脂並散發米
　香，再加入白酒和高湯，開中大火煮至沸騰。
❺ 轉小火，蓋上鍋蓋，燜煮15分鐘，中途需不時
　攪拌。
❻ 加入蘆筍，蓋上蓋子，再燜煮5分鐘，可視水
　量酌添熱開水。煮至米軟化。
❼ 拌入起司粉，並調味。喜歡鮮奶油者，可加入
　鮮奶油一起拌勻。

桂圓米糕 （大同電鍋版）

材料

長糯米……1.5合
桂圓肉……50公克

調味料
　米酒……1/2 杯
　水……1又1/4杯
　二砂……1大匙（可依自家喜愛甜度做調整）

作法

❶ 糯米洗淨，浸泡清水2小時後瀝乾。
❷ 桂圓肉用米酒泡開，約需2小時。
❸ 糯米、桂圓肉、浸泡桂圓的米酒和水一起放進
　電鍋內鍋，外鍋加1杯至2杯的水蒸至跳起，燜
　20分鐘。
❹ 加入砂糖，輕輕拌勻，按保溫，續燜10分鐘。

季節炊飯

古早味高麗菜飯

材料

白米……1.5合
高麗菜……2葉
香菇……2朵
胡蘿蔔……1小節
蝦米……1大匙
鵝油香蔥酥……2小匙
五花肉……50公克
米酒……2小匙
鹽……適量
白胡椒粉……適量
蔥花、芹菜珠或芫荽末……1大匙

準備

❶ 米洗淨，泡水30分鐘，瀝乾，備用。
❷ 高麗菜洗淨瀝乾，手撕成一口大小片狀。胡蘿蔔切長條狀。
❸ 香菇泡發，去蒂頭，切絲。
❹ 蝦米泡發。
❺ 五花肉切連皮肉絲，加點米酒、白胡椒粉、醬油醃入味。

作法

❶ 鑄鐵鍋加油，爆香香菇和蝦米，再加入五花肉絲，煸炒出油。
❷ 同鍋中加入米翻炒，再加入鹽、油蔥酥，胡蘿蔔，高麗菜。
❸ 再倒入總合為1.5杯（泡香菇水+泡蝦米水+米酒，開中大火煮至沸騰。
❹ 轉小火蓋鍋蓋，煮10分鐘，熄火，燜10分鐘。
❺ 掀蓋，輕輕將鍋底往上翻拌均勻即可。
❻ 食用前可撒白胡椒、蔥花、芹菜珠和芫荽末。

櫻花飯糰

作法

1. 醃櫻花少許泡冷開水漂洗，去除鹹味。請多漂洗幾次。瀝乾備用。
2. 梅干1顆去籽，切成細末。
3. 糖、醋各1/2小匙，鹽少許，拌勻溶解，加入160克白飯中輕輕拌勻。
4. 將梅干細末加入，再拌勻。將飯分成兩份，手掌抹點水，將飯捏成想要的形狀。
5. 將櫻花展開，貼在飯糰的表面。

香料薑黃飯

作法

前夜準備

1. 米(泰國香米更好)洗淨，瀝乾，生薑1小塊切碎。調味料備好。

當晨料理

1. 鑄鐵鍋加奶油10g，炒香薑末和小茴香子（1小匙）。
2. 加入米和1杯水，海鹽1/4小匙，醬油1小匙和薑黃粉1/2小匙，蓋鍋蓋，中大火煮滾後，關小火加蓋煮10分鐘，再熄火燜10分鐘。
3. 打開鍋蓋，用飯匙將下方的飯往上翻，再加入適量的杏仁片和葡萄乾拌勻。

鹽檸檬飯糰

作法

1. 將鹽檸檬的肉片下一小角，和皮一起切碎，加入160克白飯裡拌勻。
2. 兩手掌沾點水抹勻，右手中指抹鹽，將鹽在兩掌間抹開，將飯置於左手掌心，再兩手並用捏成想要的形狀即可。

綠豆炊飯

作法

1. 40克綠豆洗淨，浸泡清水，置冰箱冷藏4小時。
2. 1杯半米洗淨至洗米水變清澈，泡水30分鐘，再瀝乾。
3. 電鍋內鍋加入米、綠豆，再注入清水，外鍋加1杯半的水，蒸至跳起，不掀蓋，續燜10分鐘即可。
4. 趁熱調味，拌入適量的鹽和嫩薑末。

手鞠飯糰

作法

1. 小黃瓜一條用刨刀削成長薄片，輕撒鹽調味，靜置出水，再用紙巾拭乾水分。
2. 160克白飯加糖、醋各1/2小匙，鹽少許，拌勻，捏成兩個圓球。
3. 先取一片小黃瓜，圈住飯糰，再取另一片與第一片交叉成直角，再用保鮮膜包住，捲緊定型後，再將保鮮膜取下即可。

季節炊飯

調味料

以下是極光平常使用的調味料，盡量選擇自然無添加。有了它們，烹飪的功力為之大增哦！

德國亞麻仁油 Gut&Gerne	格亞南瓜籽油	奧利塔葵花油	黑龍老味道醬油	李錦記蠔油
黑龍無添加醬油	黑龍壺底油膏	義美味醂	李派林伍斯特醬	慕仙尼義大利黑酒醋
高仰三番茄醬	青山總鋪師料理米酒	S&B 七味唐辛子	好侍山椒粉	味好美白胡椒粉
味好美黑胡椒粉	味好美義式綜合香料	味好美綜合胡椒研磨罐	味好美肉桂粉	味好美海鹽研磨罐

味噌	鹽麴	寶川川味辣豆瓣醬	清香號沙茶醬

清亮生態農場麻油薑	德國冠利芥末籽醬	柚子胡椒	福松樹子（破布子）

NAMJAI 椰糖	韓廣柚子茶（柚子果醬）	韓式辣醬	味好美薑黃粉
S&B 咖哩粉	Robertsons 白胡椒粒	BadShah 印度咖哩粉	La Chinata 煙燻西班牙紅椒粉
			除了市售調味料外，我更推薦大家多多自製調味料。接下來跟大家分享幾個簡單常用的自製法。
洲南鹽場日曬霜鹽	椰子油	信成白芝麻油	

自製調味料

除了市售的調味料外，我也自製了許多好用的調味料，
不妨自己做看看，好吃又衛生也沒有防腐劑喔！

蛋黃醬

材料

蛋黃……2個
檸檬汁……2大匙
鹽……適量
黑胡椒……適量
玄米油或葵花籽油……2/3杯

作法

❶ 取一乾淨寬口徑的圓形玻璃罐，洗淨消毒。如Ball Mason Jar 的16oz 寬口菁英罐就非常適合。

❷ 將所有材料放進消毒好的玻璃罐，用手持攪拌器攪拌至所有材料融合均質化，並成為黏稠度比膏狀再稀一點即可。

蛋黃醬用途

❶ 可加入馬鈴薯或南瓜沙拉。

❷ 製成塔塔醬：再加入酸黃瓜、洋蔥、水煮蛋、芥末籽和巴西利。

❸ 加入味噌、豆瓣醬，成為不同風味的沾醬或拌醬。

❹ 調味料，乾燒蝦仁或焗烤。

青醬

羅勒家族有150多種，義式的青醬（Pesto）用的是甜羅勒（Sweet Basil）而不是九層塔（熱帶羅勒）。有時有剩餘的不同香草，可以集合三~五種起來打成香草青醬。百里香、鼠尾草、西洋芹、奧勒岡等等都可以。青醬用途：義大利麵醬料，烤海鮮、蘑菇和蔬菜。也可以加入美乃滋或優格，做成肉品或海鮮的沾醬。

材料

甜羅勒葉……80公克
松子……3大匙
大蒜……2瓣
特級初榨橄欖油……80公克
鹽、黑胡椒……適量

作法

❶ 羅勒葉洗淨，拭乾。松子送小烤箱900W烤3~5分鐘。

❷ 將❶和其他材料放進食物調理機中，打至柔滑成醬料狀，再裝進已消毒好的空瓶，上面再淋一層約5mm的特級冷壓橄欖油，可冷藏保存。

鹽蔥醬

萬用調味料，又可延長蔥的保鮮期。拌麵、炒菜或煮物時加一些，香得不得了。作為肉類如叉燒肉或白斬雞的沾料，甚至當作飯友配白飯都好好味。春天青蔥大出便宜時，可多做些備著，絕對是調味的秘密武器。

材料

三星蔥……150公克
粉薑……10公克
白芝麻……適量
冷壓白芝麻油……1大匙
芝麻香油……1大匙
鹽……1大匙

作法

❶ 青蔥去頭和鬚，洗淨瀝乾，切成細末。

❷ 粉薑切細末。

❸ 料理盆中放入蔥、薑末和鹽，攪拌均勻，待蔥軟化生水體積縮小後，續加入芝麻拌勻。

❹ 鍋中燒熱油，加入❸，拌勻熄火。

❺ 裝入乾淨消毒過之容器，待冷卻，加蓋密封，置冰箱冷藏。

鹽檸檬

材料

檸檬……2個
鹽……檸檬重量的1/10

作法

❶ 檸檬外皮用鹽搓揉後，洗淨，拭乾。

❷ 縱切成兩半後，有兩種切法，一為每半再切成
四等分的瓣狀；一為再對切成角狀。

❸ 將切好的檸檬秤重，再另外秤檸檬重量1/10的
鹽。

❹ 洗淨消毒好的罐子，底層先放一層檸檬，再撒
一層鹽，依序裝完。

❺ 密封，置冰箱冷藏，每天需上下搖晃使醃漬液
充分混和。

❻ 約一星期即可使用，最多可醃漬至三個月。期
間須每隔一周搖晃，混和醃漬液。存放愈久的
鹽檸檬愈加溫和醇厚。

> 鹽檸檬用途：代替鹽成為調味
> 料，涼拌醋漬或油漬皆可，去
> 腥，使肉質柔軟，切成碎粒拌
> 飯或義大利麵。

巴薩米可醬

層次豐富而迷人，方便使用且用途多多。可
搭配海鮮解腥味、幫助肉類解油膩；可當作
沙拉醬汁，麵包直接沾蘸著吃也很棒。是我
家的常備萬用醬料。

材料

義式陳酒醋／巴薩米可醋(balsamic vinegar)……1 杯
糖 (黑糖、椰糖、楓糖或蜂蜜皆可)……4大匙
月桂葉……1片
柳橙皮……1小片 （約如指甲大小，去除白膜）

作法

❶ 鍋中倒入巴薩米可醋，中大火煮滾。

❷ 加入其餘材料，轉小火，繼續熬煮。

❸ 約熬煮10~15分鐘，醋汁開始變濃稠至約原容
量的1/2至1/3即可。

❹ 撈除香料。

❺ 溫度下降放涼時，醋醬會更濃稠。使用時如果
太過濃稠，可以加一點水稀釋，稍微加熱調整
濃度。

和風高湯（だし汁）

材料

10cm x 10cm的昆布
冷水……1000 c.c.
柴魚片……約15~20g
（喜濃厚柴魚味者，可加到20公克）

作法

❶ 昆布用乾淨的濕布擦淨兩面，鍋中放水和昆
布，用中火煮，約10分鐘，撈起昆布。

❷ 放入柴魚片，小火煮10秒關火。不需煮太久，
否則味道會苦澀。靜待浮起的柴魚片沉鍋底的
時候，即可用濾布過濾。

※ 保存期限：冷藏約一星期。
※ 使用方法：製作燉煮料理。

和風高湯醬油

材料

味醂……1/2杯
醬油……1/2杯
砂糖……1/2~1大匙
日式高湯……2杯 （400 c.c.）

作法

❶ 味醂置小鍋中煮滾，續煮一下，待酒精揮發。

❷ 加入醬油、砂糖，再小火續煮2~3分鐘，注入
高湯，滾起熄火。

❸ 待涼，裝入已用沸水消毒過的瓶子，置冰箱冷
藏。

※ 保存期限：冷藏約一星期。

省錢省力！冰箱整理術

西班牙廚神Joan Roca說過：「烹飪這件事，不是走進廚房之後才開始的，也不是爐火前就可以完成的，而是需要很多事前的準備工作。」

「計畫、採購、整理和保存同樣也都屬於烹飪的一部分。」
——摘自《西班牙廚神璜·洛卡的烹飪技藝大全》

我們家人口少，所以食材的計畫採購、分裝儲存與管理相形重要。然而，分裝儲存容易，管理運用不容易。我利用在普通文具店即可買到的Ａ４大小的磁性軟白板（我買成功牌），在上畫表格，冷藏和冷凍先分類，再依肉品海鮮生熟食分格，放進冰箱就寫上品項與日期，用一份就減一，完全使用完畢，就從白板上擦掉。

這樣對於食材的運用與節源，都非常有效率。不需打開冰箱，就大約知道：冰箱裡還有哪些食材？週間需要再補採買？是否有使用一半的醬料？調味品也不會被遺忘到過期而丟棄。

極光的冰箱儲存法

冷藏室	上	中藥、乾果、核果、味噌、醃梅	
	中一	醬料、熟食、常備菜	
	中二	醬料、乾貨、生鮮解凍暫存	
	下	醬料、米、果醬	
冷凍室	上	分裝成小分量的熟豆類、玉米和穀物飯類 麵條、年糕 香草辛香料：辣椒、馬告籽、芫荽根、蔥末	
	中	麵包、中藥、酸菜、豆皮、自製加工肉品	
	下	冷凍肉品、海鮮、高湯、分裝醬料	
蔬果室	上	剩餘蔬果、水果和怕壓蔬果、辛香料	
	下	大蔬菜、根莖類	

極光的冰箱儲物管理表格

冷藏室

常備菜/自製醬料	製作日	市售醬料	到期日
常備菜	製作日	調味料	到期日
香菇肉燥	105/9/30 105/10/2	酸豆	105/12/30
		鯷魚	…
		鹽麴	…
		減鹽味噌	…
		西京味噌	…
		醃梅	…
		亞麻籽油	105/12/30
自製醬料	製作日	果醬	到期日
洋蔥醬	105/10/2		
青醬	105/10/1		
高湯醬油	105/10/5	玫瑰醬	105/11/28
昆布高湯	105/10/5	柳橙果醬	106/1/10
桑葚果醬	105/5/10		
梅子味噌	105/4/30		

冷凍室

生鮮	存放日期	熟食/醃漬品/加工品	存放日期
肉品	Date	熟食	Date
帶骨雞腿*1			
五花肉*1		拉麵*5	105/9/28
梅花肉片*2			
海鮮	Date	醃漬品/加工品	Date
		酸菜*3	105/9/10
土魠魚輪切*2	105/9/30	自製漢堡*1	105/9/20
		優格咖哩雞翅*6	105/9/30

食材處理保存

冷藏

肉品和魚買回來後，馬上切片或塊，分成一餐一人份所需的分量，用保鮮膜包好，預計兩天內吃完的冷藏保存。不馬上吃，就裝進冷凍密封袋裡冷凍保存。

冷凍

肉品

A.生鮮

利用密封袋或是剛好大小保鮮盒分裝。前一日從冷凍庫取出所需分量，置冷藏解凍，第二天即可料理。

肉片和絞肉一份100公克，用保鮮膜包密放入冷凍袋或保鮮盒。

B.醃漬

用可以柔軟肉品海鮮的鹽麴、優格，增香的辛香料和添味的味噌醬油等，先醃漬好肉品，並利用冷凍可破壞細胞膜原理，讓醃料在冷凍期間徹底入味。毋須事前解凍，使用便利。

C.自製半加工品

漢堡肉、肉丸等也用保鮮膜包緊，再裝進冷凍保存袋或盒冷凍。

D.市售加工品，金華火腿和香腸等，也依每餐分量分裝冷凍。

冷藏

葉菜類根部以濕透的紙巾包裹，根部朝下，直立或斜躺擺放，盡早食用完畢。

瓜類和椒類，如小黃瓜、櫛瓜和彩椒用餐巾紙包裹再放在保鮮袋中，避免潮濕腐爛。

香草類

A.紫蘇

玻璃罐中放約5mm高度的水，將紫蘇葉柄朝下，直立放進瓶中，每天換水，冷藏，約可保存兩週。

B.薑

嫩薑：冷藏，外表包餐巾紙再冷藏。

粉薑（中薑）：整塊薑，放玻璃罐中，加冷水，三天換一次水，可以保存一個月。

老薑：存放於通風陰涼的地方，並保持乾燥即可。薑如果發芽，只要切除長芽的部分，其他仍可食用；但若是腐爛，會產生危害肝臟的黃麴毒素，須整塊丟棄，所以要特別謹慎。

C.蔥切末冷凍，雖說香味會消散，但如一次買太多，還是可以如此處理，也方便隨時取用。

D.蒸魚或泰式料理常用到的芫荽根，洗淨放保鮮盒，用時即有。

冷凍

新鮮栗子、蓮子、南北杏、白果和核果，分裝保存。

澱粉類熟食/半成品：飯、常備菜肉品、麵條、年糕、麵糰等。

青豆類、乾豆類和穀物，因需浸泡，且烹調時間較長，所以我會買少量，並一次煮起來，再分裝冷凍。

南瓜泥、芋頭泥或番薯泥。

盛產水果冷凍，如鳳梨、草莓、荔枝、香蕉和葡萄等。

等著吃極光家的愛女便當，
是我最期待的事！

極光愛女的同學·閃電

國小的時候，我和極光的愛女「銀河」加入荒野保護協會親子團，每次團集會總要自備午餐，而銀河的午餐每次都讓我驚嘆連連。因為是自備簡易午餐，不會有什麼太豪華的菜色，通常就是一、兩個可愛的小飯糰，但是極光偏偏就是可以把飯糰弄得看起來像是美食珍饈（吃起來更是如此），光用看的就讓人獸性（？）大發，而吃了一口後更是雙眼嘴巴不停的冒出大愛心。使得每次團集會，我最期待的事情之一就是銀河打開便當，然後問我「你要不要吃一點」的那個時刻。

我還記得，當時超想當極光家的小孩。偶爾我也會住在銀河家，這時就能順理成章的享用極光家三餐。她總是把每一餐都打理得很豐盛。有時候像高檔餐廳，連食物和餐具的擺設都好頂級；有時則是平易近人的簡單料理，卻仍令人食指大動。

極光的各種料理令我垂涎欲滴，現在我一聽到「極光」兩個字就流口水了（喂）。如果要我列一個「最喜歡做的事情」清單，我想「去極光家做客」一定可以名列前茅吧！

網友·紅蕎西

之前的便當趴有幸搶兩個，回家和先生當晚餐，兩個人真的是完全沉默20分鐘埋首猛吃自己那份，當下心裡還要一直提醒自己，吃慢點吃慢點，不要咬到舌頭……有句話說：「好吃到把舌頭都吞了。」我完全體會了呀！

愛女「銀河」感想

有位好友戲言：「看看你的便當，再看看我們吃的監獄餐，你這樣對嗎？」
我驕傲的挑眉：「當然囉！我才不要吃學校的牢飯呢！」

開始每天帶便當是因為四年級時，我又收到了一次「體重過輕單」。在媽媽的一番逼問下，我才支支吾吾地說出了真相：我總是把營養午餐倒掉超過一半。因此媽媽決定幫我帶便當，又因為我不喜歡吃熱食，就發展出了我們家的日式便當文化。

吃了好幾年媽媽做的便當，我印象最深刻的，卻是一年級下學期時，我吵著鬧著非要媽媽做的蛋包飯。我也不太記得為什麼非要吃到蛋包飯了，好像是因為剛看完的日本小說裡，女主角到餐廳裡吃了一盤賣相不佳，但入口十分美味的蛋包飯。於是，我十分堅持的跟媽媽表達了我想吃蛋包飯的願望，而她也一如往常地實現了，即使那時的她是個非常忙碌的外商公司主管。

我還記得打開便當那瞬間，我心中膨脹到極致的驚訝跟歡喜，便當盒中除了形狀完美沒有破損的蛋包飯外，還非常貼心地放了一個小番茄造型的容器，裡面裝了讓我淋在飯上的，我最愛的番茄醬。我小心翼翼的把蛋戳開，哇！裡面是用奶油和番茄醬炒的滿滿蝦仁炒飯。從那刻起，我就深深記住了這個味道，一種有點甜，帶著濃郁的奶油味的炒飯，以及滑嫩的蛋。但是在那天之後，不管我怎麼要求媽媽再做一次，卻再也沒吃到一樣的味道和口感了。

媽媽平時給人的感覺就是：能幹、美麗、聰明又事業有成（當然忙碌）的女強人，甚至很多人都不相信她會打理家務，尤其是烹飪。事實上媽媽會做的東西可多了：中式、西式、日式料理和蛋糕、餅乾……幾乎都難不倒她。

有一種堅持叫做——便當中的菜色一定是當令食材。絕不可能在冬天時出現絲瓜，夏天時出現白蘿蔔。我心裡明白，甚至有時候，媽媽說不出口的話，是用便當來訴說；言語無法表達的關心，用便當來傳遞；昨天晚上來不及傾訴的心情，也全都在便當裡來呈現了。在我家，便當，不只是便當，更是我們母女倆的一種「生活態度」，一種認真過活的方式。

國家圖書館出版品預行編目資料

自炊食代の愛女便當／極光 著. -- 初版. -- 臺北市：方智，2017.03
192面；17×23 公分. --（方智好讀；92）
ISBN 978-986-175-450-5（平裝）

1.食譜

427.17   105024637

www.booklife.com.tw   reader@mail.eurasian.com.tw

方智好讀 092

自炊食代の愛女便當

作　　者／極　光
發 行 人／簡志忠
出 版 者／方智出版社股份有限公司
地　　址／台北市南京東路四段50號6樓之1
電　　話／（02）2579-6600・2579-8800・2570-3939
傳　　真／（02）2579-0338・2577-3220・2570-3636
總 編 輯／陳秋月
資深主編／賴良珠
專案企畫／陳怡佳
責任編輯／林欣儀
校　　對／極　光・賴良珠
美術編輯／金益健
行銷企畫／陳姵蒨・陳禹伶
印務統籌／劉鳳剛・高榮祥
監　　印／高榮祥
排　　版／陳采淇
經 銷 商／叩應股份有限公司
郵撥帳號／18707239
法律顧問／圓神出版事業機構法律顧問　蕭雄淋律師
印　　刷／國碩印前科技股份有限公司
2017年3月　初版
2018年9月　3刷

定價 340 元   ISBN 978-986-175-450-5